U0289300

内容提要

　　本书由广东海洋大学家禽育种中心、江西省农业科学院畜牧兽医研究所等单位的专家，根据多年来在教学、科研、技术开发、成果推广及社会服务过程中积累的经验和方法，结合我国乌骨鸡的历史、生产现状及发展前景编写而成。本书从人们最关注的食品安全高度，较为系统地介绍了我国乌骨鸡的标准化安全生产技术。全书由九章组成，包括乌骨鸡的主要品种和发展概述、鸡场建设、设施与设备、人工孵化技术、饲料与营养、饲养管理、疫病的综合防制、加工及产品认证标准、废弃物无害化处理等内容。可供我国乌骨鸡生产单位、养殖场户、加工企业及广大乌骨鸡养殖爱好者参考，也可供高等院校、科研单位等技术人员和师生阅读与参考。

农产品安全生产技术丛书

乌骨鸡
安全生产技术指南

杜炳旺　主编

中国农业出版社

编 写 人 员

主　编　杜炳旺

副主编　谢金防　武艳萍

参　编　张德祥　康照风　马　睿

　　　　谢明贵　王光琴　霍俊宏

　　　　黄金梅

前　言

　　乌骨鸡，通常指中国特有的具有乌皮、乌脚、乌骨、乌肉的地方品种鸡。从古至今，乌骨鸡就一直受到人们的关注和推崇。乌骨鸡不仅可为人们提供营养全面的美味佳肴，还具有一定的药用价值。我国汉代以来的许多医学名著均记载了乌骨鸡的独特疗效，始于唐代并盛传至今的乌鸡白凤丸就是最典型的例证。

　　为了保护、挖掘、开发及有效利用我国这一传统而古老的乌骨鸡宝贵资源，2007 年农业部在组织开展全国畜禽品种遗传资源普查时，专门对乌骨鸡在我国的分布现状和发展特点进行了深入细致的调查摸底。结果表明，从分布的地域讲，华东、华南、西南、西北及华中等地区均有乌骨鸡的分布；从现有的品种讲，具有一定规模、一定特色的乌骨鸡品种（或类群）有 14 个；从羽毛颜色讲，有白色、黑色、黄色、麻色、黄麻色等多种毛色；从羽毛形状讲，有常羽（片状羽）和丝羽（丝状羽）两种。

　　近几年，乌骨鸡养殖业和与之相关的医药业、酿酒业及食品加工业在中国大地蓬勃兴起。在中国畜禽业步入国际化轨道、食品安全问题备受观注和高度重视的今天，提供优质、高效、安全的合格原料和产品已成为确保中国的乌骨鸡产业长盛不衰、可持续发展的必由之路，更是确保中国的乌骨鸡产品占领市场、走出国门、创出品牌、赢得人心的关键所在。为此，我们组织行业专家编写了本书。

　　本书分为九章，分别从乌骨鸡的主要品种和发展概述、鸡场建设、设施与设备、人工孵化技术、饲料与营养、饲养管理、疫

病的综合防制、加工及产品认证标准等方面介绍了乌骨鸡的安全
生产技术。

　　本书由于编写时间有限，不足之处在所难免，敬请广大读者
不吝指正。

编　者

2014 年 3 月

目 录

第一章

乌骨鸡的主要品种和发展概述

第一节　乌骨鸡的主要品种简介

《中国畜禽遗传资源志·家禽志》中，收录了我国的14个乌骨鸡品种，即浙江的江山乌骨鸡、福建的金湖乌凤鸡（泰宁乌骨鸡）、江西的丝羽乌骨鸡（泰和鸡）、余干乌骨鸡、河南的淅川乌骨鸡、湖北的郧阳白羽乌骨鸡、湖南的雪峰乌骨鸡、广西的东兰乌骨鸡、四川的山地乌骨鸡、贵州的乌蒙乌骨鸡、云南的他留乌骨鸡、无量山乌骨鸡、盐津乌骨鸡和陕西的略阳乌骨鸡等。这里重点介绍以下5个品种。

一、泰和乌骨鸡

（一）简述

泰和乌骨鸡是我国古老的药用观赏型禽类品种，以其洁白如雪的丝状羽，皮肤、肌肉、骨皆为乌色，以及独特的观赏和药用价值而闻名世界。1915年在巴拿马万国博览会上，其似凤非凤、似鸡非鸡，奇美独特的外貌，博得了参展各国的好评，一举夺得金牌，被列为观赏鸡而誉满全球，并被确认为国际标准品种，称为丝羽鸡。泰和乌骨鸡因原产于江西省泰和县武山地区，故也称泰和鸡、武山鸡。主产于江西省泰和县和福建省泉州市、厦门市及闽南沿海等地，现分布遍及全国各地。就其称谓而言，江西称"泰和鸡"，两广称"竹丝鸡"，福建称"白绒鸡"。

（二）主要特征

泰和乌骨鸡在国际标准中被列为观赏型鸡种（彩图 1-1 和彩图 1-2）。其体型为头小、颈短、脚矮，结构细致紧凑，体态小巧轻盈。其外貌具十大特征，也称"十全"：桑葚冠、缨头（凤头）、绿耳（蓝耳）、胡须、丝毛、五爪、毛脚（胫羽）、乌皮、乌骨、乌肉。正如民间广为流传的："一顶凤冠头上戴，绿耳碧环配两边，乌皮乌骨乌内脏，胡须飘逸似神仙，绒毛丝丝满身白，毛脚恰似一蒲扇，五爪生得很奇特，十大特征众口传。"非常形象地展示了泰和乌骨鸡的奇美风采。

（三）生产性能

1. 生长速度与产肉性能　平均体重，初生重 27 克；90 天公鸡 806 克，母鸡 624 克；成年公鸡 1 600 克，母鸡 1 250 克。屠宰性能，半净膛率成年公鸡 88.35%，母鸡 84.18%；全净膛率成年公鸡 75.86%，母鸡 69.5%。

2. 产蛋与繁殖性能　开产日龄 170～180 天，开产蛋重 30.6 克。体重成年公鸡 1 300～1 550 克，成年母鸡 1 000～1 200 克。年产蛋量 110 枚，蛋壳浅褐色，平均蛋重 40 克，蛋形指数 1.38。公鸡性成熟期 140～170 天，公母鸡配种比例 1∶12～15，种蛋受精率 89%，入孵蛋孵化率 81%，受精蛋孵化率 88%；泰和乌骨鸡就巢性强，年平均就巢 4 次，平均持续 17 天。

3. 泰和乌骨鸡配套系生产性能　开产日龄 150 天，开产体重 1 400 克，平均蛋重 50 克，500 天产蛋量 140 枚，种蛋受精率 92.8%，出壳重 31.2 克，商品代 85 天体重 1 005 克，料重比 3.0∶1。

二、江山乌骨鸡

(一) 简述

江山乌骨鸡，亦称江山白毛乌骨鸡，原产于浙江省江山市，故而得名，也是我国名贵珍禽之一，同时分布于与之相邻的江西省玉山县。2002 年被农业部确定为国家畜禽保护品种。

(二) 主要特征

江山乌骨鸡，羽毛特征为片状羽，体态清秀，冠和肉髯呈绛色，耳垂雀绿色，全身羽毛洁白，喙、舌、皮、肉、骨、内脏、脚等均为乌黑色（彩图 1-3）。

(三) 生产性能

1. 生长性能 雏鸡成活率，30 日龄为 96.4%，90 日龄为 94.04%。体重，成年公鸡 1 800～2 000 克，成年母鸡 1 400～1 800 克。

2. 产蛋与繁殖性能 母鸡开产日龄平均为 152 天，年产蛋量 180 个，蛋壳褐色，平均蛋重 54 克，蛋形指数为 1.35～1.38。在公母配种比例为 1：12～15 的情况下，种蛋受精率为 92%，受精蛋孵化率为 94%，入孵蛋孵化率为 80.34%；公鸡 110～130 日龄开啼；母鸡有较强的就巢性，约 15%。

三、余干乌骨鸡

(一) 简述

余干乌骨鸡，又名余干乌鸡，属药用型鸡种，因原产地在江西省余干县而得名，起源于江西省余干县。1980 年国家将其列为濒临灭绝的地方鸡种予以保护，1988 年江西省把该鸡的提纯、选育及保种列为一级重大科研项目。

（二）主要特征

全身羽毛乌黑、呈片状，喙、冠、皮、肉、骨膜、趾均为乌黑色。单冠，呈暗紫红色，冠齿6～7个。母鸡单冠，头清秀，眼有神，羽毛紧凑、丰满。肉髯深而薄，头颈高昂，眼有神，鸣叫有力。性情活泼、敏捷，易暴发性飞跃。公鸡体躯呈菱形，雄健俊俏，尾羽高翘，腿肌、胸肌发达（彩图1-4）。

（三）生产性能

1. 生长速度与产肉性能　平均体重，初生重33克；90日龄公鸡441克，母鸡393克；成年公鸡1 584克，母鸡1 249克。半净膛率，成年公鸡85.13%，母鸡80.06%；全净膛率，成年公鸡71.21%，母鸡65.30%。

2. 产蛋与繁殖性能　母鸡平均开产日龄156天。500日龄平均产蛋156枚，蛋壳浅褐色，平均蛋重48克，蛋形指数1.34。公母鸡配种比例1：12。平均种蛋受精率90%以上，平均受精蛋孵化率90%以上。母鸡就巢性较强，集中在5～6月份、第一个产蛋高峰期后，平均持续期14天。公、母鸡利用年限1～2年。

四、雪峰乌骨鸡

（一）简述

雪峰乌骨鸡，又称雪峰乌鸡，原产于湖南省怀化洪江市安江镇（原黔阳县）方圆20千米^{2}左右，因产地位于云贵高原雪峰山区的主峰地段而得名。该鸡是湖南唯一的肉蛋兼用型乌骨鸡品种，也是宝贵的稀有珍禽，2009年被列入国家地方畜禽遗传资源保护名录。

（二）主要特征

雪峰乌骨鸡系湘西南雪峰山区经长期自然选育而成的乌骨鸡品种。体型中等，体质结实，单冠，6～8齿，呈紫红色，耳为绿色。具有乌皮、乌骨、乌肉、乌喙、乌脚的"五乌"特征，片状的羽毛富有光泽，紧敷于体，毛色有白色、黄色、黑色和杂色。身躯稍长，多呈 U 形，脚趾多数无胫羽。成年公鸡冠大直立，着细长颈羽，背平直，尾羽发达，胸部紧凑而发达，成年母鸡体稍小而清秀，腹部柔软、富弹性（彩图 1-5）。

（三）生产性能

1. 生长与产肉性能　生长速度较慢。平均体重，出壳重 28 克，在粗放饲养条件下，60 日龄 210 克，90 日龄母鸡 390 克、公鸡 400 克左右。成年公鸡 1 600～2 000 克，母鸡 1 250～1 500 克。

经屠宰观察，其肌胃、脾、心、肝、肠系膜等均呈紫黑色，脂肪呈淡黄黑色，血呈紫黑色。6 月龄半净膛率，公鸡 82.4%，母鸡 82.2%；6 月龄全净膛率，公鸡 72.1%，母鸡 70.6%。

2. 产蛋与繁殖性能　公鸡最早开啼在 106 日龄，平均为 153 日龄。母鸡开产日龄为 150～170 天，年平均产蛋 110～160 枚，呈淡棕黄色，蛋重 48 克左右。就巢性较强。种用公母比例为 1：10～15。

五、无量山乌骨鸡

（一）简述

无量山乌骨鸡属肉蛋兼用型鸡种，原产于云南省大理白族自治州南涧彝族自治县的无量山、普洱市的哀牢山及两山之间的广大山区，中心产区为普洱市景东彝族自治县、镇沅彝族哈尼族拉祜族自治县和大理州南涧县，分布于普洱市宁洱县、墨江县、景谷县。2009 年 9 月，国家畜禽遗传资源委员会审定将其列为国家畜禽遗传资源保护品种。2010 年 1 月 15 日，无量山乌骨鸡被列入中国国家畜禽遗传资源名录。

（二）主要特征

无量山乌骨鸡体型大，头较小，颈长适中，胸部宽深，胸肌发达，背腰平直，骨骼粗壮结实，腿粗，肌肉发达，体躯宽深、呈方形。头尾昂扬，耳多为灰白、部分有绿耳，喙、胫、趾为铁青色。皮肤多为黑色，少部分为白色，同样属于片状羽毛。脚有胫羽、趾羽，故称"毛脚鸡"。有高脚、短脚、单冠、复冠、白羽黑肉、黑皮黑骨黑肉等几个类群（彩图1-6）。

无量山乌骨鸡成年公鸡冠大直立，单冠为主，偶有复冠，冠齿5～6个；冠和肉髯呈紫红色和鲜红色，毛色多为紫红色、黄褐色、麻花或白色，主翼羽、胫羽、背羽、鞍羽多为黄褐色，尾羽黑色镶边。成年母鸡冠髯较小，虹彩金黄，少部分有凤头；毛色有黄褐色、麻花、白色及黑色；多数麻花鸡体躯毛色为新月形条纹。

（三）生产性能

1. 生长与产肉性能 一般成年鸡体重为2.5～3.5千克。屠宰率，公鸡88%、母鸡91%。

2. 产蛋与繁殖性能 无量山乌骨公鸡150～180日龄开啼，母鸡开产日龄160～200天；年产蛋90～130枚，蛋壳色泽为粉白色，少部分为浅褐色，平均蛋重52克。母鸡一年四季都能产蛋、孵化，每次产蛋18～20枚后停产就巢，种蛋受精率为85%～95%，受精蛋孵化率90%左右；就巢性很强，自然放养条件下，一年内就巢5～6次，每次就巢25～30天。

上述5个乌骨鸡品种，除了泰和乌骨鸡为丝羽外，其他4种即江山乌骨鸡、余干乌骨鸡、雪峰乌骨鸡、无量山乌骨鸡都为片状羽，即常羽。

第二节　泰和乌骨鸡品种的形成及价值

一、泰和乌骨鸡品种的形成过程

据已知的史料记载，泰和乌骨鸡的饲养可追溯到唐代或唐代以前，在我国亚热带地区北纬25°～27.5°、东经113°～120°广泛分布，在江西的泰和、万安等县和福建省的晋江、永春县等沿海一带较为集中（彩图1-7至彩图1-10）。由于分散户养，血缘混乱，其遗传性状极不稳定。产区群众素以养鸡为家庭副业，特别是在过去交通不便、缺医少药的年代，当地农户多养泰和乌骨鸡，作为补品、治病之需。泰和乌骨鸡还以其性情温驯、适应性强、外形美观、肉质鲜嫩而深受人们喜爱，并曾作为珍贵贡品上供朝庭。因此，这一独特的鸡种，经数百年的繁衍，至今仍得以保存。

二、泰和乌骨鸡的辉煌历史

1915年，泰和乌骨鸡在巴拿马万国博览会上，以其奇美独特的外貌，博得了参展各国的广泛好评，被列为"观赏鸡"而誉满全球。

20世纪70年代以来，泰和乌骨鸡远涉重洋，先后在亚美欧等14个国家和地区参加观赏展出，不仅使中国的乌骨鸡名扬四海，誉满天下，而且弘扬了几千年古国的中华文明。

1983年，国家领导人出访泰国，专程从泰和原种鸡场挑选20枚乌骨鸡种蛋，作为贵重的外交礼品赠送给泰国，增进了中泰两国人民的友谊。

1988年，日本名古屋市召开的第18届世界家禽科学大会暨博览会上，我国应邀展出泰和乌骨鸡，博得了来自世界35个国家和地区的评委、观众的一致赞赏。

2000年，农业部将泰和乌骨鸡定为首批国家级畜禽保护品种。

2000年，泰和乌骨鸡的"武山凤"商标注册成功。

2002年3月25日晚10时15分，"神舟三号"飞船在甘肃酒泉卫星发射中心成功升入太空，9个处于休眠状态的泰和乌骨鸡种蛋，随飞船在太空中围绕地球飞了7天，转了108圈，4月23日第一批太空乌骨鸡孵化成功（共3只），标志着我国太空生命实验获得重大突破（彩图 1-11）。这是中国科学家的骄傲，也是中国乌骨鸡的自豪。

2004 年 9 月，泰和乌骨鸡成为全国第一个活体原产地域保护产品。

2004 年 10 月 10 日，国家质量监督检验检疫总局颁布了泰和乌骨鸡《原产地域产品保护规定》，并允许使用原产地域产品专用标志。

2005 年 10 月 13—16 日，由江西省农业厅、江西省吉安市人民政府主办，江西省泰和县委、县政府承办的首届中国泰和乌骨鸡节，在泰和县城举办。国家药监局、国家质监总局、国家工商总局、农业部为首届"中国泰和乌骨鸡节"的开幕发来贺电。

2007 年 2 月，"泰和乌骨鸡"被评为江西省著名商标。这是继泰和乌骨鸡被列为全国第一个活体原产地域保护产品之后获得的又一品牌商标。

2007 年 6 月 4 日，泰和乌骨鸡获得国家地理标志保护产品称号。

2007 年 6 月 26 日，泰和乌骨鸡在北京参加世界地理标志大会展览，被列入中国地理标志产品名录。会上颁布了泰和乌骨鸡国家质量标准。

2007 年 8 月 20 日，"泰和乌骨鸡"被国家工商行政管理总局商标局评为中国驰名商标。

党和国家领导人曾多次到江西泰和视察，了解泰和乌骨鸡的产业化发展情况。

2009 年 1 月 24 日，胡锦涛总书记重上井冈山时再次过问了泰和乌骨鸡的发展。

三、泰和乌骨鸡的价值

（一）药用价值

近代医学认为，泰和乌骨鸡有治头痛、胃痛、慢性胃炎、慢性肝炎、风湿性关节炎、哮喘、气管炎、喉炎、脑神经病、心脏病及促进创伤愈合等功效。目前在我国以泰和乌骨鸡为原料生产的中成药就有数十种之多,如"乌鸡白凤丸""参茸白凤丸""乌鸡白凤康妇精"等。

(二)营养价值

泰和乌骨鸡体内所含 18 种氨基酸中,包括 7 种人体必需氨基酸,且每 100 克鲜肉中含氨基酸 31.46 克;而普通鸡只含有 16 种氨基酸,每 100 克鲜肉中含氨基酸 25.49 克,与泰和乌骨鸡相差 5.97 克。

泰和乌骨鸡所含的维生素 A 是鳗鱼的 10 倍,与被称为维生素 A 宝库的八目鳗鱼干相比,也高出大约 1.6 倍。所含的维生素 B_2 是牛肝的 1.8 倍。所含的维生素 B_6、维生素 B_{12}、维生素 E、叶酸、泛酸等与血液有着密切关系的维生素也比其他食品含量高。

泰和乌骨鸡中含有丰富的锌、铁、铜、镁、钙、磷等动物体必需的矿物元素。

泰和乌骨鸡的血清总蛋白和球蛋白含量均明显高于普通鸡,它既是构成机体组织和修补组织的原料,也是新陈代谢、维持多种生理功能的重要物质,对提高机体抵抗力、防治疾病、促进身体健康具有重要作用。

泰和乌骨鸡和金枪鱼、鲅鱼、带鱼等脊背颜色为黑色的鱼类一样,含有大量的 DHA、WPA 物质。实践证明,DHA 和 EPA 可以激活脑细胞,提高大脑的学习记忆能力;减少血液中的胆固醇含量,抑制血小板的凝血作用,从而降低血栓的发生率。这也是泰和乌骨鸡独具特色营养的重要标志之一。

(三)观赏价值

泰和乌骨鸡其肉骨乌黑而毛色雪白如丝,体型小巧玲珑,外貌奇异,令人赏心悦目,属于难得的观赏型珍禽。

第三节　泰和乌骨鸡的生产现状与发展趋势

一、泰和乌骨鸡的生产现状

（一）泰和乌骨鸡原产地江西泰和县的生产现状

1. 饲养规模　江西泰和县是中国乌骨鸡的原产地，也是原种乌骨鸡养殖量最大的地区。泰和乌骨鸡全县存栏量，2010年保种场即泰和乌骨鸡原种达15万只，饲养父母代种鸡达35万只，商品鸡饲养量达2 100万只，出栏上市量1 700万只，其中用于制药业、酿酒业及食品业的深加工泰和乌骨鸡达900万只。

2. 饲养方式　种鸡的60%采用笼养、人工授精，40%采用平养、自然交配。商品肉鸡均采用地面平养的散养方式。

3. 泰和乌骨鸡系列产品　近年来，随着泰和乌骨鸡养殖业的快速发展，与之相关的产品加工业风起云涌。目前，泰和乌骨鸡的主要产品见表1-1。

表1-1　泰和乌骨鸡主要产品

类　别	产　品　名　称
食品	乌鸡烧鸡、乌鸡板鸡、乌鸡贡鸡、乌鸡桂花片、乌鸡面条、乌鸡酱油、乌鸡豆乳晶、中华乌鸡精、乌鸡汤料、泰和乌鸡蛋
药品（保健品）	乌鸡白凤丸、乌鸡血粉、乌鸡卵黄油、复方乌鸡口服液、十全乌鸡口服液、乌鸡三宝素、参杞乌鸡精、十二乌鸡口服液、乌鸡粉、武山凤液、凤睾液
酒类	白凤乌鸡酒、乌鸡补酒、白凤春酒、白凤衍宗酒、乌鸡桂圆补酒

（二）泰和乌骨鸡在广东的生产现状

1. 生产规模　在广东，人们习惯把泰和乌骨鸡称竹丝鸡，

2010 年该品种肉鸡一直保持着强劲的生产势头，共推广竹丝鸡父母代种鸡 112.2 万套，全年共投放乌骨鸡苗 6 682 万只，上市肉鸡 6 307 万只，上市率为 94.38％，就全国的丝羽乌骨鸡生产量而言，广东省的年生产量占一半以上。广东重点推广竹丝鸡 4 号和 5 号两个配套系，2009—2010 年乌骨鸡的推广应用情况见表 1－2。

表 1－2　2009—2010 年乌骨鸡父母代推广应用情况

年　份	竹丝鸡 4 号		竹丝鸡 5 号	
	数量（万套）	比例（％）	数量（万套）	比例（％）
2010	45.313	40.4	66.852	59.6
2009	41.994	40.8	60.961	59.2

注：数据由广东温氏集团提供。

2. 饲养方式　种鸡全部采用笼养，进行人工授精；商品肉鸡均采用地面平养的散养方式。

3. 生产性能

（1）种鸡　2010 年种鸡产蛋高峰最高可达到 85％，58 周龄平均产种蛋 123 枚，种蛋平均受精率 91.2％，受精蛋孵化率 94.5％。入舍母鸡平均每只鸡孵蛋情况见表 1－3。

表 1－3　乌骨鸡入舍母鸡平均每只鸡孵蛋情况

产蛋时间（周）	2010 年		2009 年	
	统计群数	每只母鸡累计孵蛋数（枚）	统计群数	每只母鸡累计孵蛋数（枚）
25	107	90.8	93	89.6
30	97	113.4	87	105.0
35	50	119.6	67	117.3

注：数据由广东温氏集团提供。表中群数是指统计的鸡群数，每群鸡数平均为 6 000 只左右。

（2）商品肉鸡　2010 年商品肉鸡生产性能见表 1－4。

表 1-4   2010 年不同配套系乌骨鸡商品代生产性能

品　种	进苗数量（只）	上市数量（只）	上市率（%）	料重比	公鸡		母鸡	
					日龄	平均体重（克）	日龄	平均体重（克）
竹丝鸡 6 号	3 295 852	3 079 303	93.43	2.64	66	1 270	71	1 230
竹丝鸡 4 号	27 459 990	25 983 672	94.62	2.54	66	1 230	73	1 155
竹丝鸡 5 号	35 355 461	33 335 574	94.29	2.49	67	1 290	72	1 245
竹丝鸡 3 号	700 190	660 731	94.54	2.73	71	1 350	77	1 190

注：数据由广东温氏集团提供。

二、泰和乌骨鸡的发展趋势

（一）完善乌骨鸡生产的产业链

现就中国泰和乌骨鸡的原产地江西泰和县的乌骨鸡产业链作一介绍。

1. 上游——确保良种鸡苗和优质饲料的供应　上游直接为泰和乌骨鸡的养殖和加工服务。为了确保良种鸡苗、优质饲料的供应，主要在以下方面采取相应措施。

（1）推行"集中供种，分散饲养"的管理模式，加大对泰和鸡原种场的监管力度。因为泰和乌骨鸡种鸡的"提纯复壮"，是一项科技含量高又很细致复杂的系统工程，而分散育种难保质量。

（2）建立泰和乌骨鸡良种配套繁育体系，加强品系选育配套，完善品种内部结构，严格区分祖代、父母代及商品代，既可确保品种质量，又可避免原种流失和假冒伪劣。

（3）把住饲养管理关。严格按国家质检总局批准的《泰和乌骨鸡原产地域产品保护质量技术要求》的规定，把住饲养管理关。根据泰和乌骨鸡生长的特点，研制、开发、生产乌骨鸡养殖所需要的专用饲料。

2. 中游——扩大养殖业和加工业的规模 中游是直接为下游服务，为泰和乌骨鸡产品市场提供合格、足量的产品环节。

（1）扩大养殖规模。可考虑对现有的合作经济组织进行资金整合，协调好组织内各成员企业的关系。通过抓养殖大户的方式，巩固现有乡镇养殖场的生产，培育一批乌骨鸡养殖专业村、专业户。

（2）加大乌骨鸡产品的深加工力度，不断开发出不同风味的乌骨鸡食品和保健品，增加品种数量，提升产品的附加值。

3. 下游——开拓市场，提高市场占有率 泰和乌骨鸡产业链中的下游，是建立销售市场，将中游所生产出来的乌骨鸡活体及乌骨鸡产品进行消化，其主要措施有：

（1）主动出击，加强跨区域合作。积极参加经济、文化交流活动，由政府牵头，组织企业主动参加一些在全国有影响力的交易会、展销会和博览会，如医药行业的全国性医药保健品交易会、国家进出口商品交易会、重点省份的商品博览会等。

（2）以市场开发为重点，搞好产品流通服务。主要从以下四方面着手：①成立泰和乌骨鸡销售公司或协会，奋力开拓市场，变泰和乌骨鸡现行的"内销为主"为"外销为主"。②放手发展壮大民间流通组织，面向社会精选聘用一批泰和乌骨鸡产品推销员。③加大流通领域的监管力度，坚决查处以假乱真、以次充好的违法行为。④不断扩大销售网络，在国内大部分省会城市设立销售窗口，并积极推行总经销和总代理机制，进一步拓宽销售市场，提高销售量；同时加强电子商务建设，依托互联网建立新的营销渠道。

（二）强化乌骨鸡的深加工产业

（1）结合泰和乌骨鸡的药用、滋补、美味的独有特性，加强与科研院所的联系，引进技术和人才，不断开发出不同风味的乌骨鸡食品和保健品。

（2）进一步发挥现有加工企业的作用，加大技术改造步伐，全面提高现有企业加工转化泰和乌骨鸡的能力。

（3）充分利用泰和县建立起来的招商引资网络，积极引进外商投资泰和乌骨鸡的开发利用，延伸产业链条，提高经济效益。建立和健全国内销售网络，全力开辟国际市场。辅以必要的行政手段，在国内一些大中城市设立泰和乌骨鸡系列产品销售点，扩大泰和乌骨鸡的影响力。同时通过扩大规模争取外贸出口权，把产品推向国际市场。

（三）树立中国乌骨鸡品牌意识

"泰和乌骨鸡"已于2007年被评为中国驰名商标，这已为乌骨鸡产业的发展提供了先决条件和巨大的无形资产。作为泰和乌骨鸡的原产地，应以此为契机，争创著名品牌。

江西泰和县通过举办中国泰和乌骨鸡节、开发农业生态观光游、建造世界珍禽乌骨鸡展示厅、举办以泰和乌骨鸡为主题的全国性书画大赛等一系列活动，使泰和乌骨鸡的知名度大幅提高。

同时，泰和乌骨鸡产业领导小组办公室切实履行职责，加强泰和乌骨鸡原产地域产品、泰和乌骨鸡证明商标、数码防伪系统的管理，加大了泰和乌骨鸡原产地域保护宣传力度。

对境内现有乌骨鸡饲养企业进行认定，凡是不具有原种泰和乌骨鸡特征的乌骨鸡不准带有"泰和乌骨鸡"标牌，对不符合原种泰和乌骨鸡饲养条件的限期整改，待条件成熟后发给泰和乌骨鸡生产许可证，给符合泰和乌骨鸡生产条件的企业发给"泰和乌骨鸡"防伪标识，建立跟踪追溯制度。已经获得泰和乌骨鸡生产许可证的企业，都统称为"泰和乌骨鸡"。对没有生产许可证的企业生产的产品，不得使用"泰和乌骨鸡"商标，从而规范泰和乌骨鸡市场流通秩序，打击市场侵权的违法行为，依法维护"泰和乌骨鸡"品牌的声誉。

（四）实施乌骨鸡标准化安全生产战略

目前我国的乌骨鸡产业，应加大标准化生产技术的推广力度，全面实施"三品一标"（无公害农产品、绿色食品、有机农产品和地理标志农产品）认证，制订农民群众看得懂、会使用的乌骨鸡生产技术要求和操作规程，加强乌骨鸡质量安全知识和技能培训，使农民真学、真懂、真用标准。

我国乌骨鸡生产的龙头企业，更应在乌骨鸡标准化生产方面发挥示范带动作用，率先依法建立乌骨鸡生产记录制度，健全乌骨鸡质量安全控制体系，带动农民实施乌骨鸡全程标准化生产。同时把乌骨鸡品牌化和标准化结合起来，在严格准入条件的基础上积极发展无公害农产品、绿色食品、有机农产品和地理标志农产品等优质安全的乌骨鸡产品品牌，在促进农民增收的同时，为消费者提供更多、更好、更安全的优质产品。

因此，实施标准化安全生产，全面推行"三品一标"认证，不仅是我国农产品质量安全的战略决策，同样也是中国乌骨鸡产品安全的重要保障。

（五）泰和乌骨鸡原产地域产品保护规定

据《原产地域产品保护规定》，国家质量监督检验检疫总局通过了对泰和乌骨鸡原产地域产品保护申请的审查，批准并公布自 2004 年 10 月 10 日起对泰和乌骨鸡实施原产地域保护。其规定如下：

1. 地域保护范围　泰和乌骨鸡原产地域范围以江西省吉安市人民政府《关于明确泰和乌骨鸡申报国家原产地域产品保护范围的批复》（吉府字〔2003〕62 号）提出的地域范围为准，为江西省泰和县现辖行政区域。

2. 质量技术要求

（1）品种　丝羽乌骨鸡（泰和乌骨鸡）。

（2）育雏方法

①鸡苗来源：保护范围内饲养的原种丝羽乌骨鸡。

②育雏方式：网上育雏。

③育雏密度：1～2 周龄 40～50 只/米^2。

④饲料：天然饲料与泰和乌骨鸡雏鸡专用料相结合。

（3）饲养管理

①饲料：天然饲料为主，辅以配合饲料。

②饲养方法：实行放养和圈养相结合。

③出栏时间：90日龄。

（4）品质特征

①外貌特征：具有丝毛、缨头、复冠、绿耳、胡须、毛腿、五爪、乌皮、乌骨、乌肉等十大特征。

②90天体重：600～800克。

③氨基酸含量指标：每100克中，天门冬氨酸≥2 200毫克，苏氨酸≥830毫克，丝氨酸≥720毫克，谷氨酸≥3 100毫克，丙氨酸≥1 370毫克。

④矿物质指标：每100克中，锌（Zn）≥1.40毫克，铁（Fe）≥1.1毫克，钙（Ca）≥6.5毫克。

3. 专用标志使用 在泰和乌骨鸡原产地域范围内的生产者需要使用"原产地域产品专用标志"的，应向泰和乌骨鸡原产地域保护的申报机构——当地的质量技术监督局提出申请，经审查合格批准后，方可使用"原产地域产品专用标志"。

自本公告发布之日起，各地质量技术监督部门开始对泰和乌骨鸡实施原产地域产品保护措施。

（六）实施乌骨鸡产品的 HACCP 认证

危险分析与关键控制点（hazard analysis and critical control point，HACCP）是一种科学高效、简便合理、实用而专业性又强的预防性食品安全质量控制体系。实施乌骨鸡产品的 HACCP 认证，是中国乌骨鸡走向国际市场的必由之路。

近几年来，世界各国对食品安全越来越关心和重视，国外对进口食品卫生注册的要求也越来越严格。只有获得国外卫生注册的食品生产加工企业才有资格向批准注册的国家出口食品，而且，没有获得卫生注册的食品生产加工企业生产的食品，出入境检验检疫机构不予受理报检，也就不能出口。所以说，乌骨鸡食品加工企业的卫生注册是中国的乌骨鸡食品进入国际市场的准入证和通行证。

  总之，随着世界各国对食品安全的不断重视，食品安全管理体系的发展势在必行。中国的乌骨鸡产品要走向世界，扩大出口，必须要走 HACCP 认证这条路。

（杜炳旺）

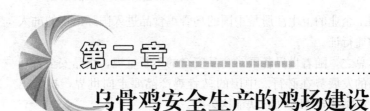

第二章
乌骨鸡安全生产的鸡场建设

第一节　乌骨鸡场的选址

一、选址原则

1. 交通便利　乌骨鸡场需要有大量的物质如饲料、种蛋、鸡苗、商品鸡、鸡粪等运输进场或出场。为了保证货物的正常运输，必须选择交通比较便利的地方，但又不能距交通干线太近，一般要求离交通干线或主干道 2 千米以上，然后由干线修建通向鸡场的专用公路。

2. 节约耕地　耕地是不可再生的资源，为了保护耕地资源，在场址选择时必须考虑尽量不占用可耕地，应选择在荒山坡地建设鸡场。

3. 便于防疫　防疫是养乌骨鸡成败的关键，在选址时必须考虑周边的卫生防疫条件，应远离城市和村庄及居民区，远离工厂、铁路、交通要道和车辆来往频繁的地方，远离畜禽屠宰厂和其他畜禽养殖场。选址时还要考虑周边地区的疫病流行和发生情况。

4. 便于排水　乌骨鸡场必须保持干燥的环境，在场址选择时，必须考虑雨水和污水排放方便。因此，应选择在地势比较高燥、地下水位较低的地方，不应选在低洼、潮湿的地方。

5. 便于生产经营　场址选择时，必须考虑便于生产经营的问题，如生产投入品（饲料、防疫药品）的购买、产品的销售、人员的管理、场区的布局、粪污的无害化处理与利用等，还要考虑生产成本和产品销售成本。

6. 建设投资最低　在场址选择时，既要考虑防疫、交通、生产经营等问题，也要考虑乌骨鸡场建设时的投资成本问题。为了减少土建投资，应选择在地势比较平坦的地方；为了减少建筑成本，要考虑就地取材；为了减少粪污处理等环保设施的投资成本，可以考虑农牧结合、果牧结合和林牧结合等方式，周边要有消纳相应粪污量的种植面积。

二、基本要求

场址的选择是否合理，对乌骨鸡场的建设投资、鸡群的生产性能和健康状况、生产效率和成本及周围的环境都有长远的影响。场址的选择主要考虑当地自然条件（如地形、土壤、水源等）和社会经济条件（如交通、电力等）两个方面，同时要根据生产任务、生产规模等进行综合考虑。

1. 地势地形　乌骨鸡场要建在地势高燥、背风向阳、朝南或朝东南的地方，最好有一定的坡度，以利于光照、通风和排水。地面不要有过陡的坡，道路要平坦。不要在低洼潮湿之处建场，否则鸡群易发生疫病。地形力求方正，以尽量节约铺路和架设管道、电线的费用，尽量不占或少占良田。场地的面积要留有余地，考虑将来规模扩大的可能。

2. 地理位置　场址要交通方便，但又不能离公路的主干道太近，最少离主干道 1 千米。场址应远离居民点、其他畜禽场和屠宰场，以及有烟尘、有害气体的工厂 5 千米以上，不得建在这些厂（场）的下风向、污水流经处、货物运输必经处。饮用水源不能在食品厂的上游和家禽烈性传染病的疫区内。场内外道路平坦，以便运输生产和生活物资。

3. 土质　所选鸡舍场地的土质要求透水性能好、抗压性强，土质最好是含有石灰质的土壤或砂壤土，这样可以保持舍内外干燥，雨后也能及时排除积水。应避免在黏质土地上修建鸡舍。另外，在靠近山地丘陵建鸡舍时，应防止"渗出水"浸入。除土质良好外，地下水位也不宜过高。

4. 水质 要考虑鸡场的水量和水质，要求水源充足，水质良好。水源最好是地下水，水质清洁，符合饮用水卫生要求。一定不能使用被屠宰场、工厂污水污染了的塘水和河水。

5. 光照 充足的光照对鸡舍保温、节省能源、产蛋及鸡群健康均有良好作用。

6. 电源 鸡场的种蛋孵化、育雏、照明、饲料加工都要用电。因此，一定要有稳定、可靠的电源。在经常停电的地方，鸡场应自备发电机，从而保证生产的正常运行。

关于乌骨鸡养殖场对土质、水质及空气环境质量的要求指标，详见表2-1至表2-3。养殖场外景如彩图2-1至彩图2-3。

表2-1 土壤质量一级标准

项目（毫克/千克）	指标
砷	≤15
汞	≤0.15
铅	≤35
铜	≤35
铬	≤90
镉	≤0.20
锌	≤100
镍	≤40
六六六	≤0.05
滴滴涕	≤0.05

注：①重金属（铬主要是三价）和砷均按元素量计；②六六六为4种异构体总量，滴滴涕为4种衍生物总量。

表 2-2　畜禽饮水质量指标

项目	指标
pH	6.5~8.5
砷（毫克/升）	≤0.05
汞（毫克/升）	≤0.001
铅（毫克/升）	≤0.05
铜（毫克/升）	≤1.0
铬（六价，毫克/升）	≤0.05
镉（毫克/升）	≤0.01
氰化物（毫克/升）	≤0.05
氟化物（以氟计，毫克/升）	≤1.0
氯化物（以氯计，毫克/升）	≤250
六六六（毫克/升）	≤0.001
滴滴涕（毫克/升）	≤0.005
细菌总数（个/升）	≤100
大肠菌群（个/升）	≤3

表 2-3　鸡场空气环境质量指标

项目	场区	鸡舍	
		雏鸡	成鸡
氨气（毫克/米³）	≤5	≤10	≤15
硫化氢（毫克/米³）	≤2	≤2	≤10
二氧化碳（毫克/米³）	≤750	≤1 500	
可吸入颗粒（毫克/米³）	≤1	≤4	
总悬浮颗粒物（毫克/米³）	≤2	≤8	
恶臭（稀释倍数）	≤50	≤70	

三、注意事项

（1）符合国家或当地政府的土地规划。在选择场址之前，必须了解拟选地是否为国家或地方政府规划用地；是否在政府规定的禁养区或限养区域内。

（2）场址选择时，还必须考虑当地的气象水文资料。包括气温变化情况、年均气温、夏季最高温度及持续天数、冬季最低温度及持续天数、降水量、主导风向及刮风的频率、最大风力、冰雹及雷击等灾害性气候现象、日照情况等。

（3）必须符合国家关于家禽企业建设的有关规定。

（4）在场址选择前，还应考虑当地的社会条件，如当地的民风、技术服务体系、对养鸡产业的扶持政策等。

第二节　乌骨鸡场的布局

鸡场的布局，主要指设计安排各种房舍的平面相对位置。

一、乌骨鸡场的布局

（一）整体布局

1. 区域划分

（1）生产区　有孵化室、育雏室、后备鸡舍、种鸡舍等。

（2）辅助生产区　有饲料仓库、饲料加工厂、车库、蛋库、兽医室等。

（3）行政管理区　门卫传达室、进场消毒室、办公室、生产技术室等。

（4）生活区　宿舍、食堂、居民点等。

（5）隔离及粪污等废弃物无害化处理区　粪便堆积发酵场、

沼气池或污水厌氧发酵池和沉淀池、病死鸡焚烧炉或化尸窖、隔离鸡舍等。

2. 生产区与行政区、生活区分开　生活区要远离其他区，有利于防疫，尽量杜绝污染源对生产鸡群的污染；生活区和行政区是工作人员集中活动的地方，要尽量防止饲料粉尘、粪便气味和其他污染物的污染。

3. 场内道路与排水　为了场区的环境卫生和防止污染，生产区内的道路应将运送饲料、产品、垫料和用于生产联系的净道与运送粪便污物、病死鸡的污道分开，以防交叉感染，有利于卫生防疫。净道和污道之间用草坪、池塘、沟渠或者林木相隔。各种道路两侧应有绿化带和排水沟。排水设施是为了排出雨、雪水，保持场地干燥、卫生。一般在道路的一侧或两侧设明沟。隔离区应有单独的排水系统将污水排至场外的污水处理设施。

4. 孵化室、雏鸡舍要远离成鸡舍　孵化室与场外联系较多，宜建在靠近场前区的一侧，这样可以避免接雏人员和车辆带来传染源，还可以避免鸡舍的病菌污染孵化室和育雏室，这是做好鸡场防疫的一个重要环节。

5. 便于生产管理，节约资金　在保证鸡舍之间应有的卫生间隔的条件下，各建筑物之间的距离尽量缩短。建筑物要做好规划，排列要整齐、紧凑。这样可以缩短道路、水管、线路的距离，降低材料等费用。

（二）具体布局

鸡场各建筑物的具体布局要因地制宜，尽量做到生活、生产和生态的统一。应有利于无公害生产和卫生防疫，尽量杜绝对鸡群生产环境造成污染的可能性。

生活区、行政管理区、生产区和隔离区等各区之间要严格分开，各区间距应在80～100米或以上。还应考虑行政管理区应接近生产区，以便于指导与管理生产。生活区应根据场区内的主导风向及季节风情况，设在上风向，以保证生活区的环境卫生，生活区的污水严禁进入生产区。

料库和饲料粉碎加工车间应连成一体，位于生产区的边缘，以使场内外运输车辆分开，利于防疫。

生产区是主体，具体的布局按孵化室、育雏室、后备鸡舍、种鸡舍等顺序排列，以便形成一个好的流水线。孵化室最好选在整体布局的上风向。各种鸡舍的朝向一般坐北朝南或朝东南，运动场在其南侧，以利于光照、保温与通风。一般鸡舍间距为鸡舍屋檐高度的3～5倍，密闭式鸡舍间距为15～20米，开放式鸡舍间距应为30～50米。

兽医室应位于生产区的下风向，距离鸡舍要超过100米，以防对鸡舍造成污染。

净道与污道要分开，并设在各鸡舍的两端。净道一般要通向生产区的大门，污道要单独通往场外。净道主要用于工作人员进出、进鸡苗、运送饲料等，污道主要用于商品鸡和淘汰鸡出场、运送粪污和病死鸡等。因此，净道和污道必须严格分开，不能有交叉，以防交叉污染。

隔离及粪污等废弃物处理区应位于生产区外面和主导风向的下风向。

另外，鸡场内外应尽量搞好绿化，这样既可美化环境，改善鸡场的生态环境，又可保护鸡场的环境，促进安全生产，提高生产经济效益。鸡场布局见图2-1至图2-4。

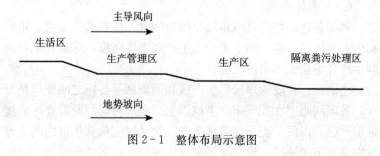

图2-1　整体布局示意图

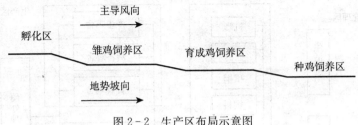

图 2-2　生产区布局示意图

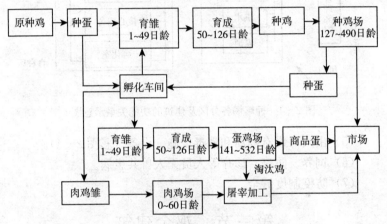

图 2-3　各种鸡场的生产工艺流程图

二、乌骨鸡场的防疫条件与要求

（1）选址、布局符合动物防疫要求，生产区与生活区分开。

（2）鸡舍的设计、建筑符合动物防疫要求，采光、通风和污物、污水排放设施齐全，生产区清洁道和污染道分设。

（3）有患病动物隔离圈舍和病死动物、污水、污物无害化处理设施、设备。

（4）有专职鸡病防治人员。

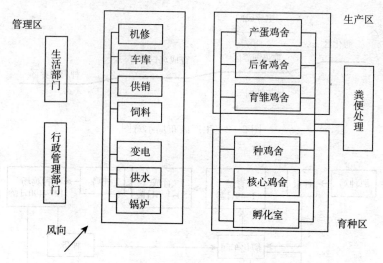

图2-4 种鸡场各分区及建筑的功能关系示意图

（5）出入口设有隔离和消毒设施、设备（彩图2-4）。

（6）饲养、防疫、诊疗等人员无人兽共患病。

（7）防疫制度健全。

第三节 鸡舍建筑

一、鸡舍的类型与特点

饲养乌骨鸡的鸡舍类型，可分为开放式鸡舍和密闭式鸡舍，有些地区因陋就简，还有大棚鸡舍。在我国的生产实际中，多采用开放式鸡舍。根据生产阶段不同，还分为育雏鸡舍、育成鸡舍、种鸡舍和商品肉鸡舍。

1. 密闭式鸡舍 这种鸡舍顶盖与四壁隔温较好，一般无窗，完全密闭，采用人工通风与光照，舍内小气候通过各种设施人工控制与调节，使之尽可能地接近鸡体生理机能的需要。

通过变换通风量和气流速度，调节舍内的温度、相对湿度和空气清洁度。

密闭式鸡舍的优点是可以消除外界自然因素对鸡群的影响；实行人工光照有利于控制性成熟和刺激产蛋；基本上可杜绝自然媒介传入疾病的途径；饲料报酬有所提高；土地利用率高，单位面积内养鸡的数量大，劳动效率也较高。其缺点是建筑标准和设备条件高，鸡群饲养管理要求高，必须喂给全价饲料和采取极为严密的消毒防疫措施，如遇停电会对生产造成严重的影响。

2. 开放式鸡舍（普通式鸡舍）　这种鸡舍的特点是有窗户，全部或大部分靠自然的空气流动来通风换气。一般饲养密度较低，采光是靠窗户的自然光照，故昼夜光照时间随季节的变换而变化，舍温也基本上随季节的变化而变化。

开放式鸡舍的优点是设计、建材、施工工艺及内部设置条件简单，造价低，投资少；在设有运动场和喂青饲料的情况下，对饲料的要求不是很严格，而且鸡能经常活动，适应性好，体质较强健。其缺点是鸡的生理状况与生产性能均受外界条件变化的影响，属开放性管理，鸡体通过昆虫、飞鸟、土壤、空气等各种途径感染疾病的可能性大；占地面积较大，用工较多。

3. 大棚式鸡舍　大棚式鸡舍的优点是在通风、取暖、光照等方面可以充分利用自然能源，冬天利用塑料薄膜的"温室效应"提高舍温，降低能耗，节省饲料；夏天棚顶盖草，四周敞开，围栏内通风凉爽。大棚养鸡设备简单、投资少、见效快、灵活性大。缺点是管理维修麻烦，潮湿和不防火等。

商品鸡均可利用塑料大棚进行饲养。塑料大棚养鸡可建在丘陵地带、果园或树林中，选址要考虑所建鸡棚的面积和鸡棚所在位置的地势情况，鸡棚周围要有运动场，鸡的活动场所最好有小树林和野草，因此宜在草山草坡上建棚。

二、鸡舍的结构

鸡舍是鸡群生活的地方，舍内的设施及环境状况直接影响着鸡群的健康和生产性能。因此，在设计鸡舍时，要为鸡群的生长、发育、产蛋创造良好的环境条件，满足鸡群生物学特性的要求，根据饲养工艺和环境参数，给予科学的合理设计。泰和丝羽乌骨鸡喜欢干燥，特别怕潮湿，因此在设计鸡舍时要充分注意通风排湿。

（一）鸡舍结构的基本要求

1. 鸡舍的面积　鸡舍的面积应根据饲养方式（平养或笼养）和饲养密度来确定。如平养乌骨鸡，一般60日龄内20只/米^{2}左右，60～150日龄10只/米^{2}左右，种鸡5～6只/米^2。

2. 鸡舍的跨度和高度　鸡舍跨度一般根据屋顶形式、内部设备的布置及鸡舍类型而定。开放式鸡舍，一般以6～9米为宜；密闭式无窗鸡舍，跨度可达12～15米。自然通风要好。鸡舍高度（屋檐至地面高度）在2.5米以上，舍内中部的高度（屋顶至地面高度）不应低于4.5米。

3. 鸡舍的屋顶和墙壁　鸡是恒温动物，在环境温度为7～30℃时，能自行调节体温；当外界环境温度超过30℃或不到7℃时，就不能自行调节体温了。因此，鸡舍应冬暖夏凉，不论何种鸡舍，都应有隔热、保温性能良好的屋顶和墙壁，尤其是屋顶。屋顶最好设置顶棚，填充稻壳、锯末屑等，以利隔热。屋顶两侧下沿，应留有适当的檐口，以便遮阴挡雨。鸡舍的隔热、保温性能对鸡群生产会造成长期的影响。

4. 门窗和过道的结构　门、窗、过道的结构要便于工作、运输和防暑防寒。一般单门高2米、宽1米，双门高2～2.2米、宽1.6米，窗户须兼顾通风与采光系数（窗户面积与地面面积之比值），窗户位置，笼养宜高，平养宜低。网上或栅条地面养鸡，在南北墙的下部应设通风窗，尺寸为 30 厘米×30 厘米，并在内侧蒙以铁丝网，设外开的小门，以防禽兽入侵和便于冬季关闭。一般采光系数为 0.1～0.07，寒冷地区可低一些，约为 0.04。

过道的宽度应考虑到人行和操作方便。一般跨度小的平养鸡舍过道设计在北侧，宽约 1.2 米；跨度大于 9 米的平养鸡舍，通道设在中间，宽约 1.5 米。笼养鸡舍的过道宽以不少于 1 米为宜。

5. 地面与运动场　鸡舍地面要高出舍外。地面应抹水泥，并设有下水道，以便冲洗消毒。在地下水位高或较潮湿的地区，地面下应铺设防潮层（油毡或塑料薄膜）。饲养育成鸡与种鸡的开放式平养鸡舍，应设有运动场，一般与鸡舍等长，宽度约为鸡舍跨度的 2 倍。运动场设在南面，地面平整并稍有坡度，以利于排水，运动场应有围篱或围墙。

鸡舍设计时应因地制宜就地取材，充分利用当地资源，选择坚固耐用、价廉物美的材料，以降低鸡舍造价，并可适当建简易鸡舍。

（二）鸡舍设计的要求

1. 保温防暑性能好　鸡舍要有良好的保温防暑性能。冬季温度低于 7℃时，乌骨鸡的采食量会增加，饲料效率及产蛋量却下降。夏季气温超过 29℃时，鸡的产蛋量、蛋重、饲料效率均下降。所以建造鸡舍时，要选用保温性能好的建筑材料，加厚北墙厚度，屋顶吊装顶棚，即可取得保温防暑的效果。

2. 通风良好　鸡舍必须保持适当的通风换气量及气流速度，对于控制舍温、排除鸡体呼出和排泄的水分、清除有害气体，以及维持内空气新鲜、无贼风的环境，具有重要的作用。鸡舍通风有两种方式，一种为自然通风，另一种为机械通风。

3. 防潮湿　泰和丝羽乌骨鸡喜欢干燥，特别怕潮湿。舍内长期潮湿，会使鸡的抗病力减弱，羽毛污秽。一般雏鸡舍的相对湿度在 65％以下，育成舍及种鸡舍要求 55％～65％。因此，在鸡舍设计时要注意防潮。

4. 充足的阳光照射 开放式鸡舍如在冬季有充足的阳光照射，可使鸡舍温暖、干燥，并能消灭病原微生物等。因此，如果利用自然采光的鸡舍，首先要选择好鸡舍的位置，以朝南向阳为好。此外，窗户面积的大小要适当，一般种用鸡舍窗户与地面面积之比以 1：5 为好，肉用鸡舍可相对小一些。密闭式鸡舍要给予合适强度的人工照明。一般鸡舍鸡群活动的地方，照明强度应以 5～10 勒克斯为宜。

5. 便于消毒防疫 为了达到提高消毒效果的要求，墙面要光滑，要有水泥地面和墙裙。鸡舍的入口处一定要设置消毒池，进出鸡舍的人员要消毒。鸡场内部的道路要有净道和污道，而且要严格分开，不能交叉。

三、不同鸡舍的建筑要求

（一）育雏鸡舍

乌骨鸡雏鸡弱小，对外界环境的适应能力很差，怕冷、怕惊吓，抗病力差，尤其是泰和丝羽乌骨鸡。因此，雏鸡舍的建筑要求防寒保暖、防潮湿、防鼠、防鸟、防兽等。

根据育雏、供暖方式和饲养规模不同，对栏舍的建筑设计要求也不同。如果采用地面垫料平养育雏，要求设计成小间，每间面积 15～20 米^2；若采用地下烟道供热或暖气供热，面积可以大一些。如果采用立体育雏笼育雏，每间育雏舍的面积可以设计得大一些，具体面积应根据购买的育雏笼的大小、育雏笼摆放的组数和方式来确定。

为了育雏舍的保温，如果是砖木结构的栏舍，应有天花板，天花板离地面的高度以 2.5 米左右为宜。

无论采用何种育雏方式，都应对地面进行水泥硬化，以利清洗消毒。如果采用地面平养育雏，对地面还应进行防潮处理。

育雏舍的建筑，既要考虑防寒保暖，又要考虑通风换气。

（二）育成鸡舍

育成鸡处于生长旺盛期，采食量和排泄量都比较大，对外界环境的抵抗能力也较强，因此，对育成鸡舍的建筑主要应考虑防潮、通风，育成鸡舍的面积应根据育成鸡的饲养方式、饲养规模和品种而定。

采用地面平养的方式，在鸡舍的南面可以设置运动场，以利于育成鸡在天气晴好时到运动场运动，以增加鸡群的抵抗力。地面平养的育成鸡舍可以隔成小间，每间以饲养 300～500 只为宜，隔墙可用 1 米左右的矮墙或用铁丝网、尼龙网隔开。

采用育成笼饲养育成鸡的鸡舍，要考虑鸡粪的清理和污水的排放。鸡舍面积根据摆放育成鸡笼的组数和列数来确定。

（三）种鸡舍

对乌骨鸡种鸡的现代饲养方式多采用笼养方式。种鸡舍的建筑既要考虑夏季的防暑降温，又要考虑冬季的防寒保暖，因此，种鸡舍建筑要求隔热性能良好。种鸡舍可设计为全开放式鸡舍，也可设计为有窗户的半开放式鸡舍。鸡舍面积应根据每栋的饲养规模、种鸡笼的组数和列数来确定，一般采用全阶梯双列式鸡舍，鸡舍跨度 8 米左右，鸡舍长度以 40～60 米为宜。为了防暑降温，鸡舍两头应设计水帘和风机，水帘面积的大小可根据厂家的建议设计。风机通风宜采用纵向通风。

乌骨鸡种鸡因采食量和排泄量较大，应重视粪便的清理，可采用人工清粪和机械清粪两种方式，如采用机械清粪方式，应根据购买的清粪机械的要求设计刮粪沟和储粪池，还必须考虑清粪设备安装的空间。

如采用机械自动喂料方式，在鸡舍设计时，还要根据喂料设备的宽度和高度来设计鸡舍的高度。

对采用水帘降温的种鸡舍，为了保证降温效果和节约用电，对砖木结构的鸡舍应设置天花板。

(四) 商品肉鸡舍

商品肉用乌骨鸡舍的建筑要求主要根据饲养规模、饲养方式、喂料方式等情况而定。饲养方式可采用地面垫料平养、网上平养、笼养、草山草坡散养等方式，均宜采取全进全出的饲养制度。喂料方式可采用人工喂料和机械自动喂料两种方式，人工喂料可使用料桶、料槽或料盆等。

商品肉鸡的饲养目的是使肉鸡生长快、耗料少、死亡率低，获得最大的经济效益。因此，在进行商品肉鸡舍的建筑设计时，就必须考虑为商品鸡提供一个能满足其生长发育的舒适环境。由于商品鸡饲养时群体和密度较大，特别是中后期的生长发育旺盛，所以，应着重考虑鸡舍的防潮、保温和通风。在条件许可的情况下，地面要做防潮处理，在夏季炎热气候时，采用水帘降温设施。

鸡舍面积的大小，根据饲养方式确定，一般要求舍饲平养时以每群 1 000～2 000 只为宜，大棚散养时以每群 300～500 只为宜。鸡舍的高度以屋檐至地面高度 2.0～2.5 米为宜。

为了鸡舍便于清洗消毒，除鸡舍地面应进行水泥硬化外，舍内墙壁也应用水泥抹 60～80 厘米的墙裙，而且要求舍内地面比舍外稍高。

采用半舍饲半放养饲养方式的，应在鸡舍的南面设计运动场，运动场的长度与鸡舍长度相等，宽度为鸡舍跨度的 2 倍，运动场应有一定的坡度，以利于排水，保持运动场的干燥，运动场地面一定要硬化，也可铺设一层细沙，以供鸡群沙浴和玩耍，运动场外侧应设置排水沟。

采用放养方式的，因为鸡群大部分时间在舍外活动，所以鸡舍面积和鸡舍高度可以适当小一些，鸡舍应设计若干个洞口，以便鸡群进出。但鸡舍也应考虑防潮和通风换气，鸡舍周边要有排水沟，而且鸡舍周围还应有树林和草坪。

（谢金防）

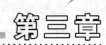

第三章

乌骨鸡安全生产的
设施与设备

第一节 孵化设备

孵化设备包括孵化机、出雏机、孵化机配件、孵化房专用物品、加温设备、加湿设备，以及各个测量系统等。

一、孵化机

孵化机的类型很多，但其构造原理基本相同，主要由机体、自动控温装置、自动控湿装置、自动翻蛋装置和通风换气装置等几部分组成。国内外生产的孵化机的结构基本大同小异，箱体一般都选用彩塑钢或玻璃钢板为里外板，中间用泡沫夹层保温，再用专用铝型材料组合连接。箱体内部采用大直径混流式风扇，以使孵化设备内的温度、湿度保持均匀。装蛋架用角铁焊接固定后，利用涡轮蜗杆型减速机驱动传动，翻蛋动作缓慢平稳无颤动，配选不同禽蛋的专用蛋盘，装蛋后一层一层地放入装蛋铁架。操作人员设定的技术参数，使孵化设备具备了自动恒温、自动控湿、自动翻蛋与合理通风换气等全套自动功能，从而保证了受精蛋的孵化出雏率。

（一）孵化机选购

各种孵化机在自动化程度和容量上各有不同，养殖户要根据自己的实际情况选购，具体来说，应注意以下因素：

1. 孵化率 孵化率的高低是衡量设备好坏的最主要指标，也是许多孵化场和专业户不惜重金更换先进孵化设备的主要原因。机内的温度场应该均匀，没有温度死角，否则会降低出雏率。控温精度，汉显智能要好于模糊电脑，模糊电脑要好于集成电路。

2. 售后服务好 一是服务的速度快，二是服务时间长。应尽可能选择规模大、信誉好、售后服务时间长的厂家。

3. 使用寿命长 孵化机的使用寿命主要取决于材料的材质、用料的厚度及电器元件的质量，用户在选购时应详细比较。另外，产品类型也是选择孵化机时应特别注意的方面。

（二）孵化机的类型

1. 巷道式孵化机 目前国内较为先进的孵化机型为巷道机，此机型集中了省电、省地、省人工三大优点，适用于大中型种禽企业。巷道机受人为因素影响较小，但对技术人员和电工的素质要求较高，工作流程简单明了，便于操作，适合工厂化、规模化的孵化生产。巷道机风扇按照各自特定的方向运转，强迫气流从入口顶端经由出口端、蛋车通道进行循环，形成 O 形气流。这种独有的空气循环方式可为机内不同胚龄的种蛋提供适宜的温度条件，并可将孵化后期胚蛋产生出的热量带去加热前期种蛋。

巷道机由于其上蛋的方式为 3 天或 4 天分批连续入孵，箱体内就存在不同孵化时期的种蛋，巷道机内温度场就会呈区域性变化，属典型的变温孵化过程。控制温度点位于出口处，通过调整它的高低（即改变设定值的大小），可控制各蛋区温度升高或下降。在炎热的夏季或温度高的地区和环境中，巷道式孵化机由于胚胎的自热，机内容易出现超温现象，巷道机专门设计了水冷降温系统，通过水循环方式进行冷却降温，保证夏季和环境温度高时，巷道机内不会出现超温现象，对孵化很有利。巷道机实行每周 2 次定期入孵制度，蛋盘有 42 孔和 36 孔两种，对肉鸡而言，高峰期及之前种蛋用 42 孔蛋盘，产蛋后期用 36 孔蛋盘。因为后期种蛋过大，蛋壳薄，在装蛋和翻蛋过程中很容易被打破，造成不必要的损失。巷道机落盘的时间不超过 18.5 天，如果超过这个时间会导致机内其他胚胎过热。照蛋与落盘同时进行。

2. 箱体式孵化机 箱体式孵化机具备模糊控制功能，即可以根据胚胎发育过程中，胚胎对温度、湿度、氧气等需求的变化，结合专家的经验及各类信息，进行推理分析，使孵化设备能够为胚胎在整个发育过程中提供适宜的温度、湿度及氧气。其特点是温度、湿度、风门联合控制，减少温度场的波动；全新的加热控制方式，能根据环境温度和胚胎发育周期自动调节加热量，保证温度场的稳定性；可以精确地控制通风量；新型的通风结构方式，废气、进气、强制风冷通道相互分离，保证孵化后期氧气的补充和散热；自动监控温度、风门、搅拌风扇、翻蛋、电源等的工作情况，一有异常，立即发出声、光报警信号；备有一套独立的应急控制系统，当正常的控制系统异常时，可启动该系统进行孵化，保证孵化的安全。

(三) 孵化机使用注意事项

(1) 使用前应对整机做一次全面系统的检查，如机内是否有杂物、运动部件是否灵活、保险是否完好、外接线是否正确、使用的电源电压是否合格等。若电压不稳，最好配稳压器。

(2) 机器正式孵化前应放在合适的位置，要求通风良好，机器平稳地放在一层砖厚的方木或水泥台上。

(3) 把握好开关的顺序，开机时应先开总的进线开关（稳压器），然后开电源开关，电控显示灯亮。开风扇开关，大风扇转动，加热指示灯亮，加热管工作。最后再开翻蛋开关。报警按钮可检查报警线路是否良好。

(4) 开机后观察机器运行情况。应观察风扇转动是否正常，翻蛋机器运行状况是否正常，翻转的角度是否合适，控制情况是否良好，待开机调试 2 天确定机器工作正常后，再放入种蛋进行孵化。

（5）注意翻蛋步骤，当放取种蛋时，翻蛋开关一定要关上。用摇把把蛋架摇平，再放、取种蛋。然后，打开翻蛋开关，翻蛋机构运转到设定角度，恢复到工作状态。手摇翻蛋时一定要沿着箭头所示方向摇动摇把。

（6）经常检查皮带的松紧度，过松则风量小，通风不良，机内温差大；过紧则会影响皮带及电机寿命。

（7）做好机器保养，每年在生产不忙时，对整机进行清洗，有轴承的地方加注黄油进行保养。每孵化一批后，要对孵化机进行彻底冲洗并消毒一次，通电试运转一段时间，调好温度和湿度后再孵化下一批。

（8）孵化室要保持适宜的温度和湿度，孵化室的温度应保持在 20～27℃，温度高于 27℃ 或低于 20℃ 时，应考虑安装空调设备或采取其他措施。湿度应保持在 50％ 左右。室内要有良好的通风，将废气经管道引到室外。

二、出雏机

（一）出雏机准备

每次出雏结束后，应及时彻底清洗消毒出雏机。落盘前 12 小时开机升温，待温度、湿度稳定后落盘，要保证：

1. 温度较低　出雏机温度一般比孵化机低 0.3～0.5℃，具体温度要考虑到胚胎发育情况、气温、出雏机内胚蛋数等因素，但主要依据发育情况来定。

2. 湿度较高　出雏机湿度要比孵化机高 15％ 以上，以利于出雏及防止雏鸡脱水。

3. 通风量最大　当入孵量接近孵化机容量时，应将风门开到最大位置。

（二）落盘

1. 落盘时间　有的地方在孵化第 19 天落盘，此时往往有少数雏鸡啄壳，因而会有碎蛋壳落在孵化机内，有时还会有早出壳雏鸡从蛋盘上落下，拉出蛋车时，稍不留神就会压死雏鸡，不仅造成损失，也污染了孵化机。建议 16～18 天落盘。

2. 落盘要求

（1）落盘时要注意平端平放出雏盘，且动作要轻、稳、快，以减少破损及缩短胚蛋在机外的时间。

（2）放入出雏盘内的雏鸡数量不得太多（以单层平放占底面积 80％左右为宜），以免影响出雏。

（3）出雏盘之间必须卡牢。最上层要加盘盖，以防雏鸡跌落。

（4）落盘后的出雏车在推向出雏机时，一定要由两人缓慢推行，切忌用力快推，以防雏盘倒塌。

（5）进出雏机前先关闭风扇，再开门推车，否则会因机内温度、湿度下降过快而延长回升时间。

（6）进出雏机后将风门开到最大位置，并随手关掉机内照明灯。

三、孵化及免疫接种用具

（一）照蛋器

在孵化初期进行照蛋，可以看出未发育或坏掉的种蛋，可立即将其清除，以免影响其他种蛋孵化。照蛋器由一个照蛋灯电源和两个照蛋灯头组成。照蛋前需准备的用品除照蛋器外，还有蛋盘架（或桌子）、空蛋盘、凳子及其他物品。

照蛋器的使用：关闭门窗，使室温达到 30℃。将孵化机停机，把蛋架翻至水平，接通照蛋器电源，关掉室内其他光源。打开机门，抽出蛋盘放在蛋盘架（或桌子）上。照蛋的人右手持灯逐个逐行地照，光源从种蛋的钝端由上向下照。或整盘照蛋，整盘照蛋的照蛋箱顶部和孵化机蛋盘一般大，其上面镶耐热玻璃，里面放 4 根 40 瓦荧光灯作光源。照蛋时亮度大的是无精蛋或死胚蛋，暗度深的是活胚蛋，将剔出的死胚蛋在侧面照蛋孔里再复照一遍。"头照"在鸡蛋胚龄 5 天时进行。把无精蛋和死胚蛋剔出，以便充分利用孵化箱空间。"二照"在鸡蛋胚龄 10～11 天时进行，把死胚蛋剔出，防止腐臭变质污染活胚蛋和孵化箱。落盘时最好再照一遍，剔出死胚蛋，防止它们混在活胚蛋中间吸收热量，影响活胚蛋温度的均匀度而影响出雏率。除"头照""二照"和落盘时照蛋外，日常孵化中还应该每两天抽查照蛋一次，每次照 10～20 枚，检查胚蛋的发育状况和气室的大小，以便确定孵化温度和湿度是否合适，随时予以调整。

(二) 其他设备

乌骨鸡疫苗的接种方法主要有肌内注射、滴鼻、点眼、饮水、口服、喷雾等。具体采用何种接种方法，应视情况而进行，避免因接种方法不当而致免疫失效。在进行预防注射前，要备好所需的物资，如疫苗、用具、消毒药品、药棉、处理过敏反应的药品和登记卡等。接种结束后，应对剩余药液及疫苗瓶、针头、药棉等进行无害化处理，切记不可随意丢弃。对使用过的器械也应严格消毒处理，避免因污染场地及禽舍而引发疫病。消毒设备有农用喷雾器、气泵等；断喙设备有电动断喙器、电烙铁等；称重设备有弹簧秤、杆秤、电子秤等。

四、孵化场（车间）的防疫条件和要求

(1) 选址、布局、设计、建筑符合动物防疫要求，孵化车间的流程应当单向，不可交叉或回流。

(2) 孵化场与外界有隔离屏障，并保持一定距离。

(3) 孵化设施、设备和专用工具、用具等符合动物防疫要求。

(4) 有种蛋熏蒸消毒设施、设备。

（5）有病雏、死雏、蛋壳、废弃蛋等无害化处理设施、设备。

（6）有清洗消毒设施、设备。

（7）防疫制度健全。

第二节 雏鸡饲养设施与设备

一、平养设施与设备

（一）平养方式

1. 地面平养 该法是传统的饲养方式，在育雏舍地面铺厚5～10厘米的垫料，将雏鸡养在垫料上面。垫料要求清洁卫生，柔软干燥，吸湿性强，如刨花、稻草、稻壳、麦秸等。前几天雏鸡小，活动范围小，应用隔栏将雏鸡圈在热源的周围。其优点是管理方便，设备投资少，可就地取材，雏鸡有足够的自由活动空间；缺点是雏鸡与垫料、粪便接触，对防病不利。

2. 火炕平养 该法的形式与地面平养相同，只是利用火炕作为取暖的热源（在炕面上也要铺垫料）。雏鸡在暖和的炕上活动，由于炕面温度较稳定，雏鸡生长发育较好。

3. 棚架或网上平养 利用网板代替地面，网板可以是铁网，也可以是木板条、竹排等，或者在其上铺垫小网孔的塑料垫网。一般网板离地50～80厘米高。此法的优点是雏鸡与粪便接触少，有利于防治白痢、球虫病等疾病，可节省垫料开支，提高饲养密度；缺点是一次性投资多，饲养管理技术要求高，应注意通风。

（二）保温、通风、降温和饮水、喂料设备

1. 保温设备 用电热、水暖、煤炉、火炕等设备加热，都能达到加热保暖的目的。电热、水暖、气暖比较干净卫生。煤炉加热要注意防止煤气中毒事故发生。火炕加热比较费燃料，但温

度较为稳定。还要有温度计，用来检测室内和育雏伞内温度，并应根据不同育雏方式选择能代表室内温度的位置放置。下面介绍几种保温设备。

（1）烟道供温　烟道供温有地上水平烟道和地下烟道两种。地上水平烟道是在育雏室墙外建一个炉灶，根据育雏室面积的大小在室内用砖砌成一个或两个烟道，一端与炉灶相通。烟道排列形式因房舍而定。烟道另一端穿出对侧墙后，沿墙外侧建一个较高的烟囱，烟囱应高出鸡舍1米左右，通过烟道对地面和育雏室空间加温。地下烟道与地上烟道相比差异不大，只不过室内烟道建在地下，与地面齐平。烟道供温应注意烟道不能漏气，以防煤气中毒。烟道供温时室内空气新鲜，粪便干燥，可减少疾病感染，适用于广大农户养鸡和中小型鸡场，对平养和笼养均适宜。

（2）煤炉供温　煤炉由炉灶和铁皮烟筒组成。使用时先将煤炉加煤升温后放进育雏室内，炉上加铁皮烟筒，烟筒伸出室外，烟筒的接口处必须密封，以防煤烟漏出致使雏鸡发生煤气中毒死亡。此方法适用于较小规模的养鸡户使用，方便简单。

（3）保温伞供温　保温伞由伞部和内伞两部分组成。伞部用镀锌铁皮或纤维板制成伞状罩，内伞有隔热材料，以利保温。热源用电阻丝、电热管子或煤炉等，安装在伞内壁周围，伞中心安装电热灯泡。直径为2米的保温伞可养鸡300～500只。保温伞育雏时要求室温24℃以上，伞下距地面高5厘米处温度35℃，雏鸡可以在伞下自由出入。此种方法一般用于平面垫料育雏。

（4）红外线灯泡育雏　利用红外线灯泡散发出的热量育雏，简单易行，被广泛使用。为了增加红外线灯的取暖效果，可在灯泡上部制作一个大小适宜的保温灯罩，红外线灯泡的悬挂高度一般离地25～30厘米。一只250瓦的红外线灯泡在室温25℃时一般可供110只雏鸡保温，20℃时可供90只雏鸡保温。

（5）远红外线加热供温　远红外线加热器是由一块电阻丝组

成的加热板，板的一面涂有远红外涂层（黑褐色），通过电阻丝激发远红外涂层发射一种见不到的红外光发热，使室内加温。安装时将远红外线加热器的黑褐色涂层向下，离地 2 米高，用铁丝或圆钢、角钢之类固定。8 块 500 瓦远红外线板可供 50 米² 育雏室加热。最好是在远红外线板之间安装一个小风扇，以使室内温度均匀，这种加热法耗电量较大，但育雏效果较好。

（6）热风炉供温　直接式高净化热风炉，就是采用燃料直接燃烧，经高净化处理形成热风，与物料直接接触而加热干燥或烘烤。该种方法燃料的消耗量约比用蒸汽式或其他间接加热器减少一半左右。因此，在不影响烘干产品品质的情况下，完全可以使用直接式高净化热风炉。燃料可分为：① 固体燃料，如煤、焦炭；② 液体燃料，如柴油、重油；③ 气体燃料，如煤气、天然气、液体气。燃料经燃烧反应后得到的高温燃烧气体进一步与外界空气接触，混合到某一温度后直接进入干燥室或烘烤房，与被干燥物料相接触，加热、蒸发水分，从而获得干燥产品。为了利用这些燃料的燃烧反应热，必须增设一套燃料燃烧装置。如燃煤燃烧器、燃油燃烧器、煤气烧嘴等。间接式热风炉，主要适用于被干燥物料不允许被污染，或温度较低的热敏性物料干燥。此种加热装置，即将蒸汽、导热油、烟道气等作载体，通过多种形式的热交换器来加热空气。间接式热风炉的最本质问题就是热交换。热交换面积越大，热转换率越高，热风炉的节能效果越好，炉体及换热器的寿命越长。反之，热交换的面积也可以从烟气温度上加以识别。烟温越低，热转换率越高，热交换面积就越大。

2. 通风和降温设备　密闭鸡舍必须采用机械通风，以解决换气和夏季降温的问题。机械通风有送气式和排气式两种：送气式通风是用通风机向鸡舍内强行送入新鲜空气，使舍内形成正压，将污浊空气排走。排气式通风是用通风机将鸡舍内的污浊空气强行抽出，使舍内形成负压，新鲜空气便由进气孔进入鸡舍。通风机械的种类和型号很多，需根据实际情况选购。开放式鸡舍主要采用自然通风，利用门窗和天窗的开关来调节通风量，当外界风速较大或内外温差大时，自然通风效果不佳，需要机械通风予以补充。开放式鸡舍用卷帘代替窗户，夏天通过提升卷帘形成扫地风，通风效果良好，但冬季严寒的地区不宜采用。

（1）风机的选择　选用风机时要着重考察影响风机性能的关键部件，如机壳、进风罩、电机、风叶、转动系统、百叶窗自动开启装置。选择风机壳主要看冷镀锌板的镀层厚薄，薄的易锈；风机进风罩最好选用镀锌钢板为好；与之匹配的电机功率要根据鸡舍大小来决定；风机类型较多，材质有不锈钢、镀锌钢板、铝合金、彩钢板，从性能而言，宜选用不锈钢风叶。百叶窗自动开启装置有离心锤式、重力锤式和风吹式，从经验看，离心锤式较稳定，重力锤式易受积尘影响，启闭易失灵，风吹式主要用于36寸[*]风机。百叶窗主要看其密合性是否优良。

（2）风机的使用与维护

①在每养一批鸡之前都应对风机进行一次全面检查维护。轴承应加润滑剂，润滑开窗机构。检查直三角胶带松紧是否合适，扫除风叶、百叶窗、电机等部件上的积尘。

②注意风机电压，风机在使用时，电源必须符合风机铭牌规定，电压上下偏差不得超过额定电压的10%，风机停机时，严禁使用外力开启百叶窗，以免破坏百叶窗的密合性。

③风机安装前必须进行设备检查，即试机程序。设备检查首先要看运输中设备有无变形、损坏，各连接部件是否牢固，百叶窗的密合性（开窗机构是否正常，安全网是否到位）。风机试机要看风量、噪声、振动、能耗是否合格，若发现不明故障应立即停机。

④若风机长期不用，应封存在干燥环境下，严防电机绝缘受损。在易锈金属部件上涂以防锈油脂，防止生锈。

＊ 寸为非法定计量单位，1寸≈3.33厘米。——编者注

（3）水帘　水帘墙降温系统根据水蒸发吸热原理和负压通风原理来排出鸡舍内的废气、污气及解除高温闷热。安装后可以非常有效地改善鸡舍的高温闷热环境，使鸡舍内的温度（32～45℃的高温环境）迅速地在 10 分钟内下降，并将温度保持在 26～30℃，这是鸡最舒适的生活环境，可以提升效率，保持产品的高品质。其降温通风换气效果，可非常有效地解决 95％～99％的鸡舍高温闷热、空气污浊问题，效果明显；既可吹风，也可抽风。

3. 饮水和喂料设备

（1）饮水设备　饮水器种类很多，常用吊式饮水器，这种饮水器用绳索吊在天花板上，顶端的进水用软管与主水管相连接，进来的水通过控制阀门流入饮水盘，既卫生又节水。还有钟式真空饮水器、乳头式及 V 形或 U 形长槽式饮水器等。养鸡户可以用罐头瓶与平盘组成饮水器，还可根据本地资源（如毛竹）利用家用器皿自制饮水器。

（2）喂料设备　喂料可以使用喂料桶（塑料、木制、金属制品均可）和饲料浅盘，大型鸡场还采用喂料机。要求平整光滑，雏鸡采食方便，又不浪费饲料，同时方便洗刷消毒。此外，还有燃料和其他用具。所有育雏用具均应消毒、冲洗。

4. 照明灯　在育雏舍内和育雏伞下均应安装一盏照明灯，以便雏鸡靠近热源并便于采食、饮水，1 周龄后即可关闭。

二、笼养设施与设备

（一）立体笼养

目前许多养鸡设备的生产厂家生产多层育雏笼或育雏器，层次为重叠式，每层底下有接粪盘，笼的周围有食槽、水槽，笼内放真空饮水器供水，有些在笼组的一端设有可调温的供热装置，其余部分是运动场，供雏鸡自由活动。电热育雏笼对电源要求严格，鸡舍通风换气要良好，并要求较高的饲养管理技术。

（二）保温用具

至于育雏所采用的供温方式，可根据条件选择，常见的供温方式有保温伞、烟道、火炕、热水管、热风炉、红外线灯等。无论采用哪种供温方式，关键是给雏鸡生长发育提供适宜的温度。在农村采用火炕、烟道、土暖气育雏等，投资少，省工省燃料，育雏效果较佳。

第三节　育成鸡（肉鸡）饲养设施与设备

一、平养设施与设备

（一）地面垫料平养

在我国传统的肉鸡养殖生产中，这是最主要的饲养方式。这种饲养方式是将鸡舍地面清扫干净，彻底消毒，待干燥后在鸡舍地面上铺设一层厚6厘米左右的垫料，肉鸡从入舍至出售一直生活在垫料上，包括喂料、饮水、活动、休息都在垫料上进行。常用的垫料有稻壳、木屑、刨花等。要求垫料质地优良，干燥松软，吸水性强，清洁干净无污染，不发霉变质，无异味，长度适宜并经过彻底熏蒸消毒或太阳暴晒。使用前还要把垫料中的灰尘抖去。在铺设垫料时要注意垫料不宜过厚，以免妨碍鸡的活动，甚至小鸡被垫料覆盖而发生意外。随着鸡日龄的增加，垫料被践踏，厚度降低，粪便增多，应不断地在原有垫料上添加新垫料，必要时用工具把垫料抖一抖，保持垫料疏松并把粪便抖到垫料下面。肉鸡长大出栏后，一次性将粪便和垫料清除，中间不再更换。可以利用吊塔式平养供水系统，包括水箱、PVC输水管、三通吸管、吊塔饮水器、提绳、调节板等。

（二）网上平养

在鸡舍内离地面60厘米高处搭设网架（可用金属、竹木材料搭建），在网架上铺塑料网，使鸡群在网片上生活。鸡粪通过网眼或栅条间隙落到地面，堆积一个饲养周期，在鸡群出栏后一次清除。网眼或栅缝的大小以鸡爪不能进入而鸡粪能落下为宜。采用金属或塑料网的网眼形状有圆形、三角形、六角形、菱形等。网床大小可根据鸡舍面积灵活掌握，但应留足够的过道，以便操作。网上平养一般都用手工操作，有条件的可配备自动供水、给料、清粪等机械设备。可以根据日龄的不同采用孔径不同的塑料网。饲养者日常饲养管理均在过道进行，仅在免疫接种、肉鸡出栏等情况下上网操作。如果在设计网床的时候考虑人员在网上行走，则在人员行走的地方把立柱的数量适当增加一些，以提高该部位的牢固性。

二、笼养设施与设备

笼养指使用叠层式或阶梯式鸡笼，将肉鸡放入笼内，从出壳至出售都在笼中饲养的方法。随日龄和体重增加，一般可采用转层、转笼的方法饲养。叠层式鸡笼一般使用硬质塑料筐作为单笼，阶梯式鸡笼则用金属制作并在底网上铺塑料网片。采用乳头式饮水器供水，料槽供料。笼的式样可按房舍的大小来设计，留出饲养人员操作的走道。一般鸡场采用人工定期清粪，规模较大的鸡场可采用机械清粪。清粪机主要由驱动装置、牵引架、刮粪板、张紧装置、转角轮、清洁器、行程开关、电器控制箱等组成。

乌骨鸡育雏育成常用设备和用具见表 3-1。

表 3-1　乌骨鸡育雏育成常用设备和用具

名称	规格	使用
饮水器	小饮水器	1~8 日龄使用，每 70~80 只鸡提供 1 个
	自动饮水器	9 日龄以后使用，每 80~100 只鸡提供 1 个
食槽设备	开食盘	1~8 日龄使用，每 80~100 只鸡提供 1 个

(续)

名称	规格	使　　用
照明设备	大号料桶	9 日龄以后使用，每 30～40 只鸡提供 1 个
	灯头	每 20 米² 安装 1 个
	灯泡	每个灯备有 40 瓦、15 瓦各 1 个
供热设备	保温伞、加热炉、红外线灯等	炉围直径 30 厘米的加热炉每 500～1 000 只鸡提供 1 个（育雏用 2 个）
其他		护围、注射器、喷雾器、电子秤、量筒等

第四节　种鸡饲养设施与设备

一、平养设施与设备

种鸡饲养设备主要有料桶、饮水器、栖架、垫料、产蛋箱、通风降温设备等。

（一）饮水和喂料设备

吊塔式平养供水系统包括水箱、PVC 输水管、三通吸管、吊塔饮水器、提绳、调节板。盘式螺旋输料系统包括绞龙、料塔、V 形料斗、料盘、防栖线、带限料传感器的输送减速电机、悬挂系统与升降绞车，该设备料塔由镀锌钢板或玻璃钢制成，料塔容积可根据养鸡数具体设计，料盘的高度可根据鸡不同日龄升降，清洗方便，拆下可做育雏开食盘用。

（二）产蛋箱

产蛋箱的制作可就地取材，其中用砖砌产蛋箱是一个既省钱又方便管理的好方法。产蛋箱的设计要求避风、避光、有安全感。产蛋箱可设计为两层，底层落地，上层用砖砌成平顶，由于制作比较牢固且耐腐蚀，所以顶上可以站鸡，不会降低鸡舍饲养面积。

（三）垫料

常用的垫料有稻壳、木屑、刨花、碎麦秸、破碎的玉米芯、树叶、干杂草、稻草等，国外也有用废弃轮胎碎粒或废旧报纸球作垫料的。

（四）栖架

栖架，包括支架和支承在支架上且水平设置的栖杆。栖杆由条形钢骨架与横截面大致呈矩形、上表面有一定弧度的多段栖条复合而成。栖条由混凝土材料模压而成，其下表面开有长槽，安装时条形钢骨架嵌入长槽内。条形钢骨架与两支架连接，起受力支承作用，而栖条具有利于鸡爪抓牢的实体作用。

二、笼养设施与设备

（一）鸡笼

笼养种鸡需要一定的鸡舍面积，鸡舍形状规则，适合鸡笼成列摆放。由于鸡群饲养密度高，要求鸡舍通风和采光性要好，对夏季降温的要求也比较高，相应的降温设备投入比平养大。国内鸡笼养喂饲设备有链板式和顶置轨道车式两种。其型式应与笼架型式相配套。全阶梯式蛋鸡笼采用链板式，半阶梯式采用顶置轨道车式。经实际使用表明，链板式喂饲设备用于粉状配合饲料时易造成饲料分级，还会因鸡只挑食而引起喂饲不均等弊端。该设备可靠性较差，磨损大，平均使用寿命一般不超过 5 年。许多蛋鸡场往往经几年使用后即拆除链板，采用人工喂饲，这样就完全失去了机械化作业的优势。国内有关单位已重视这一问题，并研制开发出适用三层全阶梯笼架的地轨式喂饲机和手推式喂饲机等作为替代。顶置轨道车式喂饲设备与半阶梯笼架配套，该设备可调节供料量，以根据鸡在不同时期所需的采食量给料，减少饲料消耗。

1. 方笼　优质肉用种鸡采用自然交配方式时一般用此种笼

具，这种笼具为一种金属大方笼，长 2 米，宽 1 米，高 0.7 米，笼底向外倾斜，伸到笼外形成蛋槽。数个或数十个组装成一列，笼外挂上料槽和饮水管，采用乳头饮水器饮水。

2. 叠层式笼具 叠层式为多层鸡笼相互重叠而成，每层之间有竹、木等材料制成的承粪板。笼具安装时每两笼背靠背安装，数个或数十个笼子组成一列，每两列之间留有过道。随设备条件不同，可多层笼子重叠在一起，一般以三层为宜。此种布局占地少，单位面积养鸡数量多。但当鸡舍内有较多列数时，处于鸡舍中心的鸡群，会因通风及光照不良而致生产水平不高。农村零星养鸡散户利用屋檐下养鸡，此布局比较理想。

3. 单层式笼具 这种方式为全部机械化操作。是将所有鸡笼平放于距地面 2 米左右高的架子上。每两个鸡笼背靠背安装成为一列，列与列之间不留过道，但有供水及集蛋的专用传送带。供料、供水及集蛋全部机械操作。鸡的粪便直接落在地面上。此种笼具虽只有一层，但因无过道，故单位面积上养鸡数量多。同时除粪方便，舍内空气质量好，环境条件一致性好。但投资成本较高，如果饲养员责任心不强，当发生机械事故或鸡只健康状况不佳时，均不易被发现。这种笼具生产中较少使用。

4. 全阶梯式笼具 这是目前优质肉鸡种鸡生产中采用人工授精方式时的主要饲养笼具之一。这种笼具各层之间全部错开，粪便直接掉入粪坑或地面，不需安装承粪板。多采用三层结构。人工喂料、集蛋时，为降低饲养员工作强度和有利于保护笼具，也可采取二层结构，但降低了单位面积上的养鸡数量。近年来为降低舍内氨气浓度和方便除粪，南方很多鸡场均采用高床饲养，即笼子全部架空在距地面 2 米左右高的水泥条板上。这种结构，单位面积上养鸡数量虽不及其他方式多，但生产中使用效果较好。

5. 半阶梯式笼具 这种方式与全阶梯式的区别在于上下层鸡笼之间有一半重叠，其重叠部分设有一斜面承粪板，粪便通过承粪板而落入粪坑或地面。由于有一半重叠，故节约了地面而使单位面积上的养鸡数量比全阶梯式增加了1/3，同时也减少了鸡舍的建筑投资，生产效果二者基本相似。

6. 综合阶梯式笼具 这种布局为三层中的下两层重叠，顶层与下两层之间完全错开呈阶梯式。此布局与半阶梯式在占地面积上是相等的，不同的是施工难度较半阶梯式低。同时，在低温环境下，重叠部分的局部区域空气质量相对较好。

（二）喂料和饮水设备

1. 喂料设备 生产现场的饲喂设备由普通料桶发展到自动喂料系统，自动喂料系统由链板料线发展成料盘式自动料线。盘式料线中料盘设计有较精确的档位或料量刻度，用于确定每个料盘的供料量。料盘的形状也有圆形和椭圆形之分，料盘的椭圆形设计在料位的提供上更加有效。料线设计上的改进更体现在布料速度上，铰龙的平移圆周运行布料速度更快，合理的料盘设计和供料控制完全能够保证鸡只同时采食到饲料，这样大大提高了鸡只采食的均匀性，满足种鸡限饲饲喂需求。

2. 供水设备 在供水设备的配套上，乳头式饮水系统较真空式饮水器、普拉松饮水器等更容易控制饮水的质量。应选择管壁不透光且内壁光滑的乳头饮水系统。另外，乳头的质量及流量设计也是选择的关键因素。

（三）温度控制设施

1. 降温设施 夏季降温系统包括环境控制器、水帘、风机等重要组成部分。实现夏季降温的先决条件是保证鸡舍内有2～2.5米/秒的风速。在控制器参数的设置上，只有启动足够量的风机使舍内风速达到2～2.5米/秒时才能启动水帘，否则会因鸡舍前后端温差太大造成鸡舍后端的鸡只热应激，增加鸡只的死淘率并降低生产性能。

2. 供暖设备 冬季供暖系统在我国多种多样，从最原始的火炉到先进的集中供热系统共存，好的供热系统是由热水或蒸汽锅炉、舍内热交换机组及负压与温度控制系统、风机等组成，冬季供暖的先决条件是让新鲜空气经过预热后均匀地布满鸡舍。控制器参数的设置上，只有保持舍内适宜的负压值，才能保证新鲜空气均匀进入鸡舍并充分进行预热处理，避免鸡只遭受冷应激。在控制器的选择上，不但要考虑夏季隧道通风及冬季最小通风量模式运行的需求，更要关注季节交替时混合通风控制实现的功能。在主要配套设备的选择上，一是风机排风量要大，负压下工作效率高，运行成本低，材质耐腐蚀，不易变形，风机百叶窗开启关闭灵活且密闭性好；二是供暖机组运行成本相对要低，供暖方式要均匀，机组要便于除尘与清洁消毒处理；三是水帘、侧墙进风口及动力系统选材要好，设计要合理，运行性能稳定。

（四）光照设备

国内普遍采用普通灯泡照明，发展趋势是使用节能灯。许多鸡场安装定时自动控制开关，取代人工开关，保证光照时间准确可靠。

（五）其他设备

种鸡生产过程中生产设备的自动化程度越高，制订相应的监测措施并配备相关的监测设备越是必要。在监测设备的选择上，常用的有氨气浓度测定仪、余氯比色计、光强照度计、负压测定仪、风速仪、风机转速测定仪、二氧化碳测定仪、温度校准仪等。

（武艳平）

第四章

乌骨鸡安全生产的
人工孵化技术

第一节　孵化车间的设计原则

一、地址选择

可靠的隔离，交通相对便利，水、电方便。

二、孵化场的规模

（1）应根据种鸡饲养量和市场情况，预计每年需要孵化多少种蛋、提供多少雏鸡。

（2）确定孵化批次、入孵蛋量和每批间隔天数等。

（3）确定孵化机的容量和数量，入孵机和出雏机的配套一般为 4∶1，即每 4 台入孵机配 1 台出雏机。

（4）确定孵化室、出雏室及附属房屋的面积。

三、孵化车间的工艺流程

坚持单向流程原则：种蛋→种蛋消毒→种蛋贮存→分级码盘→孵化→移盘→出雏→鉴别、分级、免疫→雏禽存放→外运（图 4-1 和图 4-2）。

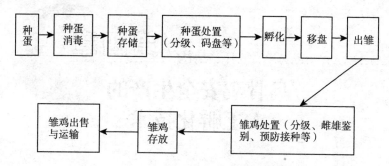

图 4-1　孵化车间生产工艺流程

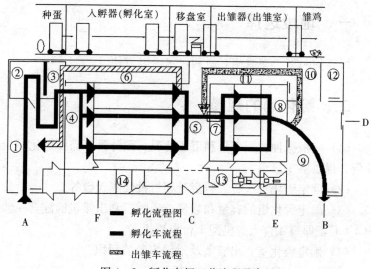

图 4-2　孵化车间工艺流程及布局

1. 种蛋处置室　2. 种蛋贮存室　3. 种蛋消毒室　4. 孵化室入口

5. 移盘室　6. 孵化用具清洗室　7. 出雏室入口　8. 出雏室　9. 雏鸡处置室

10. 洗涤室　11. 出雏设备清洗室　12. 雏盒室　13、14. 办公用房

A. 种蛋入口　B. 雏鸡出口　C. 工作人员入口　D. 废弃物出口

E. 淋浴更衣室　F. 餐厅

第二节　种蛋的管理

一、种鸡质量要求

要求种鸡生产性能高，无经蛋传播的疾病，饲料营养全面，管理良好，种蛋受精率高。经蛋传播的疾病主要有白痢、白血病和支原体病等（图 4 - 3）。

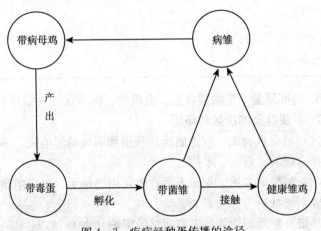

图 4 - 3　疾病经种蛋传播的途径

二、种蛋选择

1. 清洁度　粘有粪便或蛋液的种蛋孵化效果较差，而且还会污染其他正常的种蛋。轻度污染的种蛋需要经过擦拭和消毒才能进行孵化。

2. 蛋的大小　大蛋和小蛋的孵化效果均不如正常的种蛋。

3. 蛋形　接近蛋圆形的种蛋孵化效果最好。剔除细长、短圆、枣核状、腰凸状等形状的种蛋。

4. 蛋壳颜色 符合本品种特征即浅褐色。由于疾病或饲料营养等因素造成的蛋壳颜色突然变浅应千万注意，暂停留种蛋。

5. 蛋壳厚度 良好的蛋壳不仅破损率低，而且能有效地减少细菌的穿透数量，孵化效果好（表4-1）。入孵蛋应剔除钢皮蛋、薄皮蛋、沙皮蛋和皱纹蛋。

表4-1 蛋壳质量和细菌侵入情况

蛋的相对密度	蛋壳厚度（毫米）	被细菌侵入蛋的比例（%）		
		30分钟	60分钟	24小时
1.070	0.32	33	41	54
1.080	0.34	18	25	27
1.090	0.36	11	16	21

6. 内部质量 剔除裂纹蛋、血斑蛋、肉斑蛋和气室异常蛋。

7. 种蛋选择的次数和场所

（1）*鸡舍内初选* 剔除破蛋、脏蛋和明显畸形的蛋，多用感观选择（眼看、耳听、手摸）。

（2）*孵化室二选* 剔除不适合孵化用的种蛋，可采用照蛋器透视或剖视抽查等方法。

种蛋外形对孵化的效果有明显的影响（表4-2）。

表4-2 种蛋外形异常对孵化效果的影响（%）

种类	裂纹蛋	大蛋（>70克）	小蛋（<50克）	畸形蛋	合格种蛋
受精蛋孵化率	65.83	69.84	76.86	81.06	89.31
前期死精率	8.33	4.76	8.26	3.79	0.76
健雏率	94.94	87.50	97.85	97.20	100.00
后期死胎率	25.00	25.40	14.88	15.15	9.92

三、种蛋消毒

（一）消毒时间

第一次消毒：原则上种蛋产下后应马上进行消毒，一般集中收集几次后马上进行。

第二次消毒：在入孵机内进行熏蒸消毒。

第三次消毒：在出雏机内进行熏蒸消毒。

（二）消毒方法

1. 甲醛熏蒸法（密闭） 每立方米空间用 30 毫升福尔马林＋15 克高锰酸钾，熏蒸 20～30 分钟。清洁度差或外购蛋，消毒浓度可大些，可按 42 毫升福尔马林＋21 克高锰酸钾实施。

消毒室的空间温度为 24～27℃，湿度 75％～80％。

2. 其他方法 过氧乙酸熏蒸法、氧化氯喷雾法、杀菌剂浸泡法、臭氧密闭法等。

四、种蛋保存

种蛋消毒后应尽快运到种蛋库保存。

（一）保存条件

1. 温度

原则：既不能让胚胎发育，又要抑制酶的活性和细菌繁殖，同时不能让它受冻而失去孵化能力。

种蛋保存适温为 13～18℃，相对恒温。刚产出的种蛋，要逐渐降到保存温度。

2. 湿度 保存的相对湿度以 75％～80％为宜，既能明显减少蛋内水分蒸发，又可防止霉菌滋生。

3. 通风 应有缓慢适度的通风，以防种蛋发霉。

（二）种蛋保存时间

种蛋保存时间越短越好。其对孵化率的影响如表4-3所示。

表4-3　种蛋保存时间对孵化率的影响

保存时间（天）	1	4	7	10	13	16	19	22	29
受精蛋孵化率（%）	88	87	79	68	56	44	30	26	0

五、种蛋收集、包装和运输

1. 收集　及时、仔细。

2. 包装　主要指运输到其他地方时的包装，包装前对种蛋进行选择，用专用种蛋箱和纸质蛋托，装箱打包待运。

3. 运输　快速平稳，减少颠簸，温度18℃，相对湿度70%。抵达目的地后静置6～12小时再入孵。

第三节　孵化条件

一、温度

（一）适宜温度

1. 适温范围　35～40.5℃。

2. 鸡蛋孵化的最适温度　室温24～26℃下，入孵机为37.5～37.8℃，出雏机为36.9～37.2℃。

（二）变温孵化与恒温孵化

1. 恒温孵化　孵化的第1～19天始终保持一个温度（如37.8℃），第19～21天保持一个温度（如37.2℃）。

巷道式孵化机采用的是恒温孵化。对孵化室的建筑设计要求较高，需保持22～26℃较为恒定的室温和良好的通风。室温偏低时，提高孵化温度 0.5～0.7℃；室温偏高且降温效果不理想时，降低孵化温度 0.2～0.6℃。

2. 变温孵化　根据不同的孵化机、不同的环境温度和不同胚龄，给予不同的孵化温度。我国传统孵化法多采用变温孵化。母鸡孵化也为变温孵化。

二、相对湿度

1. 湿度范围　一般 40%～70%均可。

2. 适宜湿度　入孵机 50%～60%，出雏机 75%，根据不同的蛋重进行调节。

3. 温度和湿度的关系　孵化前期，温度高则要求湿度低；出雏时湿度要求高则温度低。孵化的任何阶段都必须防止同时高温和高湿。

三、通风

1. 通风对胚胎的意义　其意义在于换气、受温均匀及后期散热。

一般要求：氧气 21%左右，二氧化碳＜0.5%。

孵化机设计合理，运转正常，一般二氧化碳不会过高。海拔较高的地方易缺氧，需要空气加压或输氧。

2. 通风与温湿度关系　通风过度，不利于保持温度和相应的湿度；通风不良，会造成温湿度过高，胚胎死亡；二氧化碳超标会引起胚胎发育迟缓，死亡率增高。

四、转蛋（翻蛋）

1. 转蛋的作用　防止胚胎与蛋壳粘连，使胚胎运动，受热均匀。

2. 角度 鸡蛋90°（垂直线±45°）。若转动角度较小，则不能起到转蛋的效果；太大会使尿囊破裂从而造成胚胎死亡。

3. 次数 每2小时转蛋一次，孵化机一般都是自动转蛋，出雏期不需要转蛋。

第四节　孵化管理技术

一、孵化前的准备

（1）消毒。孵化室的地面、墙壁、天棚均应彻底消毒。孵化机内先用消毒液喷雾或擦拭，然后熏蒸消毒。蛋盘和出雏盘先彻底浸泡清洗，然后用消毒液浸泡。

（2）制订孵化计划，准备孵化用品。

（3）设备检修，试机。

（4）种蛋预热。由贮存室移至22～25℃，预热6～12小时。

二、孵化期的操作管理技术

（一）入孵

入孵尽量做到整进整出。

1. 码盘 钝端向上。

2. 蛋盘（车）编号 品种（系）、入孵日期、批次等。

3. 消毒 上蛋后与种蛋一起熏蒸消毒。

4. 填写孵化进程表 入孵、照检、移盘和出雏日期等。

（二）孵化机的管理

昼夜值班，检查、记录温度、湿度、通风、转蛋情况，留意机件的运转情况，及时处理异常情况。每天定时往水盘加温水，保持湿度计的清洁。

（三）停电后的措施

大型孵化厂自备发电机；停电后不可立即关闭通风孔，以免机内上部的蛋受热；打开机门，手动转蛋；孵化室升温到 37℃左右（短时停电不必升温）；地面喷洒热水，调节湿度。

（四）种蛋的照检

1. 操作要点　适当提高室温，稳、准、快，防漏照，对角调换，填表统计。

2. 照检的时间与次数　每批蛋孵化的 21 天内，一般照蛋两次，孵化第 7 天和第 19 天，巷道式孵化机一般在第 19 天移盘时照蛋一次。

3. 照检的目的　照蛋的主要目的是观察胚胎发育情况，剔除无精蛋、破蛋、死胎蛋及臭蛋；并以此作为调整孵化条件的依据，也是考核孵化指标的依据。

4. 胚蛋的分辨参考特征

（1）头照的特征

正常胚蛋：血管网鲜红，扩散较宽，黑眼明显。

弱胚蛋：血管网色淡纤细，扩散面小，黑眼色浅。

无精蛋：蛋内透明，转动可见卵黄阴影。

死胚蛋：无血管网，有血线或溶血。

（2）二照的特征

正常胚：胚胎占满除气室外的全部空间；气室边缘弯曲，可见粗大血管，有时可见胚胎在蛋内闪动。

弱胚：气室较小，边界平齐。

中死胚：气室周围无血管，或锐端色淡。

（五）移盘

1. 时间　第 19 天或 1‰种蛋轻微啄壳时。

2. 操作　入孵盘→出雏盘，此后停止转蛋；移盘时可进行照蛋；温度 36.7～37.3℃，湿度 75% 左右。

三、出雏期的操作管理技术

1. 出雏机管理

（1）关闭出雏机内的照明灯；捡出空蛋壳，但不可经常打开机门。

（2）雏鸡一般都是一次性捡雏。

（3）如气候干燥，孵化室地面应经常洒水。

（4）出雏结束以后，彻底清洗消毒，备用。

2. 雏鸡处理

（1）剔出残次雏。

（2）性别鉴别：翻肛法、伴性遗传鉴别法。

（3）注射马立克疫苗。

（4）切趾：用作育种标记。

（5）雏鸡存放：放在分隔的雏鸡盒内，置于22～25℃的暗室，准备接运。

四、孵化记录

1. 编制表格　孵化记录表格和孵化日程表。

2. 记录项目　入孵日期、品种、蛋数、种蛋来源、照蛋情况、孵化结果、孵化期内的温度变化等。

3. 用途　统计成绩，总结工作，反馈孵化条件。

孵化见彩图4-1至彩图4-7。

五、衡量孵化效果的指标

受精率＝受精蛋数/总蛋数×100％，一般＞90％，高的可达98％以上。

死精率＝头照死胚数/受精蛋数×100％，正常应＜2.5％。

入孵蛋孵化率＝出雏鸡数/入孵蛋数×100％，高的＞87％。

受精蛋孵化率＝出雏鸡数/受精蛋数×100％，高的＞90％。

健雏率＝健雏数/出雏数×100％，高的＞98％。

死胚率＝死胚蛋数/受精蛋数×100％

健雏：适时出壳，绒羽正常，精神活泼，脐部愈合良好，无畸形。

死胚蛋：指扫盘时未出壳的胚蛋，也称毛蛋。

六、影响孵化效果的因素

1. 种鸡质量 饲养高产健康的种鸡。

2. 种蛋管理 加强种蛋管理。

3. 孵化条件 良好的孵化条件。

在这三大因素中，种鸡质量和种蛋管理决定入孵前的种蛋质量，是提高孵化率的前提。只有入孵来自优良种鸡、供给营养全面的饲料、精心管理健康种鸡的种蛋，并且种蛋管理得当，孵化技术才有用武之地。在实际生产中，种鸡饲料营养和孵化技术对孵化效果的影响较大。

（杜炳旺 马睿）

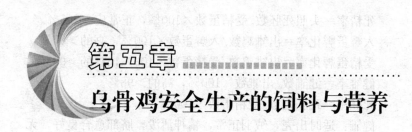

第五章
乌骨鸡安全生产的饲料与营养

第一节　饲料原料

一、常用原料

鸡常用的饲料原料按主要用途一般分为能量饲料、蛋白质饲料、矿物质饲料、饲料添加剂等。另外，草粉、叶粉等饲料不好按能量或蛋白类饲料分类。

常用的能量饲料主要有谷实类、糠麸类、油脂类、薯类及加工副产品等。常用的蛋白质饲料主要有植物性蛋白质饲料、动物性蛋白质饲料、单细胞蛋白质饲料及其他蛋白质饲料。矿物质饲料主要是食盐、富钙饲料、富磷饲料及其他矿物质饲料。饲料添加剂主要有微量元素添加剂、维生素添加剂、氨基酸添加剂、抗生素添加剂、保健助长添加剂、产品工艺添加剂等。

（一）能量饲料

能量饲料一般有以下几类。

1. 谷实类　主要有玉米、稻谷、糙米、高粱、小麦、大麦、裸麦、燕麦、荞麦等（表 5 - 1）。

表 5-1 常用谷实类饲料主要特性

饲料名称	营养特点	质量标准
玉米	主要化学成分为碳水化合物，其中主要是淀粉，在鸡的代谢能约为 13 460 千焦/千克，蛋白质品质较差，尤其是赖氨酸、蛋氨酸、色氨酸等必需氨基酸含量较低。黄玉米中胡萝卜素、叶黄素和玉米黄质含量较高	水分含量低于 14.0%，二级玉米粗蛋白质含量不低于8.0%，粗纤维不高于 2.0%，粗灰分不高于 2.6%
糙米	蛋白质含量及氨基酸组成与玉米等相似，碳水化合物以淀粉为主，另有糊精、单糖、多戊糖等，脂肪约含 2%，在鸡的代谢能与玉米相近，有些品种会稍高于玉米	水分低于 14.0%，二级糙米纯粮率不低于 96.0%，杂质总量不超过 0.5%
稻谷	与糙米的唯一区别就是有稻壳。稻壳是所有谷物外皮中营养最低者，成分多为木质素及硅酸，占稻谷的 20%~25%。鸡对稻谷的消化率比糙米稍差，稻谷的营养价值可估计为糙米的 75%~80%	水分低于 14.0%，二级饲用稻谷粗蛋白质含量不低于 6.0%，粗纤维不高于 10.0%，粗灰分不高于 6.0%
小麦	与玉米比较，蛋白质含量较高，但赖氨酸缺乏，代谢能较低，所含 B 族维生素及维生素 E 较多，维生素 A、维生素 D、维生素 C、维生素 K 则较少，生物素的利用率低，色素有胡萝卜素及黄酮色素。70% 的磷为植酸磷	水分不高于 13.0%，二级饲用小麦粗蛋白质含量不低于 12.0，粗纤维不超过 3.0%，粗灰分不高于 2.0%
大麦	与玉米相比，蛋白质含量较高，除亮氨酸及蛋氨酸外，其他氨基酸均较高，赖氨酸含量是玉米的 2 倍，粗纤维也是玉米的 2 倍，在鸡的代谢能为玉米的 84%，富含亚油酸和亚麻油酸两种不饱和脂肪酸	水分不高于 13.0%，二级饲用大麦粗蛋白质不低于 10.0%，粗纤维不高于 5.5%，粗灰分不高于 3.0%
燕麦	品种间成分相差较大，主要差别在壳的比例。粗纤维高达 10%~13%，淀粉只有玉米的 1/3~1/2，热能较低，蛋白质含量较高，但赖氨酸含量低，富含 B 族维生素，脂溶性维生素及矿物质含量均较低	水分不高于 14.0%，二级饲用燕麦纯粮率不低于 94.0%，杂质不高于 1.5%

（续）

饲料名称	营养特点	质量标准
荞麦	分为甜荞麦和苦荞麦两种，甜荞麦的营养价值较高。去壳后粗蛋白质可达14%，赖氨酸是玉米的2～3倍。但荞麦的适口性差，用量不宜超过30%	

2. 糠麸类 主要有小麦麸、大麦麸、米糠、统糠、玉米糠等（表5-2）。

表5-2 常用糠麸类饲料主要特性

饲料名称	营养特点	质量标准
小麦麸	小麦品种对其成分影响较大。由硬冬小麦或红皮小麦制得的粗蛋白质含量较高，而由春软小麦或白皮小麦制得的粗蛋白质含量较低。氨基酸的组成较佳，富含维生素E和B族维生素，富含不饱和脂肪酸	水分不高于13.0%，二级饲用小麦麸粗蛋白质含量不低于13.0%，粗纤维不高于10.0%，粗灰分不高于6.0%
大麦麸	是粗制大麦和裸麦所得副产品，包括种皮、外胚乳和糊粉层，营养价值与小麦麸相近	
米糠	全脂米糠含油量高达10%～18%，大多属不饱和脂肪酸，油中含2%～5%的维生素E。富含B族维生素，但维生素A、维生素D、维生素C含量较少，含磷较多，但85%以上为植酸磷。鸡料中用量不宜高于5%	水分不高于13.0%，二级饲用米糠粗蛋白质含量不低于14.0%，粗纤维、粗灰分均不高于10.0%

3. 油脂 主要有动物油脂、植物油脂、水解油脂、粉末油脂等。

动物油脂是从家禽、牛、猪等畜禽体组织中提取的一类油脂，其成分以甘油三酯为主，总脂肪酸含量在90%以上，不皂化物2.5%以下，不溶物10%以下。

植物油脂是取自植物种子或果实的油脂，成分以甘油三酯为主，总脂肪酸含量在90%以上，不皂化物2%以下，不溶物1%以下。

粉末油脂是油脂经特殊处理使其成粉状，优点是便于添加，贮存运输方便，但成本稍高。

全价饲料中添加油脂的主要目的是提高其能量水平，此外，添加油脂可提高鸡的抗热应激能力，降低饲料加工过程中产生的粉尘。

4. 薯类 主要有木薯和甘薯（表5-3）。

表5-3 木薯和甘薯主要特性

名称	营养特性	质量标准
木薯	淀粉含量近80%，热能较高，粗蛋白质含量较低（1.5%～4%），且50%左右为非蛋白氮，粗灰分中钙、钾含量高而磷低，微量元素及维生素几乎为零，粗脂肪含量也相当低。含有对畜禽生长的抑制因子，鸡饲料中的使用量不超过10%为宜。木薯中含氢氰酸，应注意防止中毒	水分低于13.0%，粗纤维不高于4.0%，粗灰分不高于5.0%
甘薯	甘薯中含有胰蛋白酶抑制因子，应加热去除。热能低于玉米，成分特点与木薯相似，但无氢氰酸。雏鸡不宜使用，其他时期鸡用量不宜超过10%	水分低于13.0%，粗纤维不高于4.0%，粗灰分不高于5.0%

5. 加工副产品 可用于鸡饲料的主要有淀粉渣和糖蜜等（表5-4）。

表 5-4　淀粉渣和糖蜜的主要特性

名称	主要特性
马铃薯淀粉渣	营养成分以碳水化合物为主，粗蛋白质含量略高于甘薯渣，对鸡的适口性差，应注意控制用量
甘薯、木薯淀粉渣	营养成分以碳水化合物为主，蛋白质含量低，对鸡的适口性差，配合饲料中的用量不超过 5% 为宜
糖蜜	含少量粗蛋白质，氨基态氮仅占 38%～50%，且多为非必需氨基酸。主要成分为糖类，矿物质含量较高，对鸡的适口性好，但采食太多则造成软便现象，鸡饲料中的用量控制在 5% 以内为宜

（二）蛋白质饲料

常用的蛋白饲料主要有植物性蛋白质饲料、动物性蛋白质饲料、单细胞蛋白质饲料及其他蛋白质饲料。

1. 植物性蛋白质饲料　主要有豆粕、全脂大豆、菜籽粕、棉籽粕、花生粕、芝麻粕、玉米蛋白粉、玉米胚芽粕等（表 5-5）。

表 5-5　植物性蛋白饲料营养特性

饲料名称	营养特性	质量标准
豆粕	粗蛋白质含量高（40%～44%，去皮豆粕可达 48%），生物利用率高，赖氨酸含量高，但蛋氨酸含量低，粗纤维主要来自大豆皮，矿物质中钙少磷多，磷多属植酸磷，加工良好的豆粕不含抗营养因子，品质稳定	水分含量不高于 13.0%，脲酶活性不超过 0.4。二级饲用豆粕粗蛋白质含量不低于 42.0%，粗纤维不高于 6.0%，粗灰分不高于 7.0%
全脂大豆	需熟化后使用。粗蛋白质含量为 32%～40%，氨基酸组成良好，但蛋氨酸含量偏低。粗脂肪含量为 17%～20%，其中亚麻酸占 55%，矿物质中以钾、磷、钠居多，磷中 60% 为植酸磷。主要在需要高能量高蛋白质饲料中使用，可取代油脂	水分不超过 13.0%，脲酶活性不超过 0.4。二级饲用大豆粗蛋白质含量不低于 35.0%，粗纤维不高于 5.5%，粗灰分不高于 5.0%

（续）

饲料名称	营养特性	质量标准
菜籽粕	粗蛋白质含量为34%～38%，氨基酸组成的特点是蛋氨酸含量高（仅次于芝麻饼、粕），赖氨酸含量亦高，而精氨酸含量低，是饼、粕饲料中含量最低的。代谢能值偏低（淀粉含量低、菜籽壳难以消化利用）。矿物质中，钙和磷的含量均高，硒和锰的含量亦高。特别是硒的含量是常用植物性饲料中最高的。含有多种不良成分，在使用时应注意其用量。使用解毒剂可提高用量	水分含量不超过12.0%，饲用二级豆粕粗蛋白质含量不低于37.0%，粗纤维不高于14.0%，粗灰分不高于8.0%
棉籽粕	棉籽饼、粕的营养价值相差非常大。影响棉籽饼、粕营养价值的主要因素是棉籽脱壳程度及制油方法。完全脱壳的棉仁制成的棉仁饼、粕粗蛋白可高达40%，甚至高至44%，与豆粕的粗蛋白质含量不相上下；而由不脱壳的棉籽直接榨油生产出的棉籽饼粗纤维含量达16%～20%，粗蛋白质仅20%～30%。氨基酸的组成特点是赖氨酸、蛋氨酸不足，而精氨酸较高。其饲用价值在很大程度上取决于游离棉酚的含量。蛋鸡饲料中若游离棉酚含量在120～200毫克/千克以下，即不会影响产蛋	水分含量不高于12.0%，二级饲料用棉粕粗蛋白质含量不低于36%，粗纤维不高于12%，粗灰分不高于7%
花生粕	粗蛋白质含量接近豆粕，但氨基酸不平衡，赖氨酸、蛋氨酸、苏氨酸缺乏，但精氨酸、组氨酸相当高。花生粕易感染霉菌，特别是黄曲霉菌产生毒素，这些毒素易使鸡的肝脏受到损害。少量的黄曲霉毒素就可对鸡的生长性能产生显著影响。为了安全，配合饲料中应尽量少用，最好控制在10%以内	水分含量不高于12.0%，二级饲料用花生粕粗蛋白质含量不低于42.0%，粗纤维不高于9.0%，粗灰分不高于7.0%
芝麻粕	蛋氨酸与色氨酸含量较高，蛋氨酸是豆粕的2倍，但赖氨酸缺乏，矿物质中钙、磷含量均高，但多以植酸形式存在。植酸的存在抑制了很多营养物质的吸收，鸡饲料中的用量不宜超过10%，雏鸡料中不可用	加热过度的不可用

（续）

饲料名称	营养特性	质量标准
玉米蛋白粉	因不同用途、不同生产工艺生产的玉米蛋白粉营养成分不同。医药工业生产的玉米蛋白粉含粗蛋白质高达 60%以上，是具有高蛋白质的饲料原料，同时粗纤维含量低。提醇玉米蛋白粉是酿酒工业的副产品，其蛋白质含量较低，粗纤维含量高，营养价值不如医用玉米蛋白粉高，但因含有未知生长因子添加到日粮后可显著提高动物的生产性能。氨基酸组成以含有大量蛋氨酸、胱氨酸及亮氨酸为特点，但赖氨酸及色氨酸明显不足。黄色玉米蛋白粉中含大量叶黄素及玉米黄质，对蛋黄有良好的着色效果	有黄曲霉毒素、玉米赤烯酮污染的不可用
玉米胚芽粕	玉米胚芽粕是以玉米胚芽为原料，经压榨或浸提取油后的副产品。粗蛋白含量 16%左右，氨基酸组成较佳	霉菌毒素污染及粗纤维较高的不可用

2. 动物性蛋白质饲料　主要有鱼粉、肉骨粉、肉粉、血粉、水解羽毛粉、水解皮革粉、蚕蛹粉、蝇蛆粉、蚯蚓粉、黄粉虫等（表 5-6）。

表 5-6　常用动物性蛋白质饲料营养特性

名称	营养特性	质量标准
鱼粉	蛋白质含量高，进口鱼粉可达 68%，消化率好，所含氨基酸较平衡，赖氨酸、蛋氨酸、色氨酸等含量均较丰富，钙、磷、硒等矿物质含量丰富，磷的利用率很高。含有丰富的 B 族维生素，尤以维生素 B_2 及维生素 B_{12} 为多，维生素 A、维生素 D 含量也较丰富，还含有未知生长因子	国产一级鱼粉颜色为黄棕色，粗蛋白质不低于 55%，粗脂肪不高于 10%，水分不高于 12%，盐分不高于 4%，砂分不高于 4%

（续）

名称	营养特性	质量标准
肉粉与肉骨粉	品质变化相当大，掺杂情形相当普遍。蛋白质含量高，但利用率变化大，氨基酸组成不佳，脯氨酸、甘氨酸含量较多，赖氨酸、色氨酸均不足。钙、磷含量丰富且利用率高，维生素 B_{12} 含量丰富，烟酸、胆碱含量也高，但维生素 A、维生素 D 含量较少	肉骨粉含磷量在 4.4% 以上，胃蛋白酶不可消化物在 14% 以下，胃蛋白酶不可消化粗蛋白质在 11% 以下
血粉	蛋白质含量高，但氨基酸不平衡，赖氨酸含量丰富，异亮氨酸含量很低，制造血粉的温度越高，时间越长，品质越差。鸡饲料中用量应在 2% 以下	水分在 12% 以下，原料血应新鲜
水解羽毛粉	蛋白质含量高，氨基酸中以胱氨酸为主，可达 4%，亮氨酸含量较高，异亮氨酸含量高达 5.3%，宜与血粉配合使用。但赖氨酸、蛋氨酸、色氨酸、组氨酸含量均低。鸡料中用量不宜超过 3%	粗蛋白质 80% 以上，胃蛋白酶消化率 75% 以上，粗灰分 3% 以下，粗纤维 2% 以下。钙 0.4%，磷 0.7% 左右
蝇蛆粉	蛋白含量高，并富含各种必需氨基酸，蛋氨酸含量与鱼粉相近	粗蛋白质含量 63% 以上，脂肪 25% 以上
黄粉虫	又叫面包虫，在昆虫分类学上隶属于鞘翅目拟步行虫科粉虫甲属。原产北美洲，20 世纪 50 年代从苏联引进我国饲养。黄粉虫干品含脂肪 30%，含蛋白质高达 50% 以上，此外还含有磷、钾、铁、钠、铝等矿物质元素。干燥的黄粉虫幼虫含蛋白质 40% 左右，蛹含 57%、成虫含 60%。用来喂产蛋鸡，可提高蛋品质	

3. 单细胞蛋白质饲料 单细胞蛋白（SCP），系由酵母、霉菌、细菌及藻类等生成的蛋白质，主要有干酵母、石油酵母及单细胞藻类。目前工业生产的单细胞蛋白，几乎全是酵母。单细胞蛋白质饲料特性见表 5-7。

表5-7 常用单细胞蛋白质饲料特性

名称	营养特性
干酵母	粗蛋白质含量高（约40%），但消化率不高。氨基酸组成不平衡，赖氨酸含量高，蛋氨酸含量低，脂肪含量低。富含B族维生素，矿物质中钙少、磷钾多。此外，还含未知生长因子。雏鸡料中不宜超过3%，其他鸡料中用量不宜超过5%
石油酵母	粗蛋白质含量比其他酵母高10%以上，赖氨酸含量与鱼粉相近，含硫氨基酸则很低，含脂肪8%～10%且利用率较佳，消化率与鱼粉、豆粕类似。雏鸡料中避免使用，其他鸡料中用量不宜超过10%
蓝藻	β-胡萝卜素和玉米黄质较高，是蛋黄良好的天然色素来源。同时有促生长、提高产蛋率的作用。鸡料中使用量不超过5%

4. 其他蛋白质饲料 主要有啤酒粕、酒糟粕等（表5-8）。

表5-8 啤酒粕、酒糟粕营养特性

名称	营养特性	质量要求
啤酒粕	粗蛋白质含量22%～27%，粗脂肪5%～8%，其中亚麻酸占50%以上，无氮浸出物39%～43%，以戊糖为主，对单胃动物的消化率不高。雏鸡不宜用，蛋鸡、种鸡用量10%以内，可提高产蛋率、受精率、孵化率及蛋重	应为浅色至中等巧克力色，不可出现烧焦现象，细度一致，可见谷纤维，但不可有结块，水分12%以下
酒糟粕	本品为饲料中蛋白质、脂肪、维生素及矿物质的良好来源，一般而言，蛋氨酸稍高，赖氨酸、色氨酸明显不足，含未知生长因子，雏鸡用量不宜高于5%，蛋、种鸡用量不宜超过10%，可提高产蛋率和孵化率，并可减少脂肪肝的发生	以谷物发酵制酒的较好

（三）矿物质饲料

常量矿物质饲料主要有食盐、富钙饲料、富磷饲料等（表

5 - 9和表5 - 10)。

表5-9　常用矿物质饲料（食盐及富钙饲料）

名称	营养特性	质量标准
食盐	提供钠、氯离子以维持体液的渗透压，鸡饲料里至少需0.15%，一般用量0.25%～0.3%，过多易发生腹泻及蛋壳质量下降，甚至发生生长受阻和死亡	精制食盐含氯化钠99%以上，饲用盐含氯化钠应在95%以上
石灰石粉	补充钙最经济的原料，一般认为颗粒越细，吸收率越佳，但排泄也快，所以产蛋鸡料中应加一定比例的粗粒钙粉	饲料级轻质碳酸钙含钙不低于39.2%，盐酸不溶物不高于0.2%，水分不高于1.0%，重金属（以Pb计）不高于0.003%，砷不高于0.0002%
贝壳粉	本品为各种贝类外壳经加工粉碎而成，主要成分为碳酸钙，用于蛋鸡或种鸡饲料中，所产鸡蛋蛋壳质量优于石灰石粉	含钙量不低于33%，呈白色粉状或片状
蛋壳粉	禽蛋加工厂及孵化厂的蛋壳经干燥、灭菌、粉碎即得，用于产蛋鸡料中，所产蛋蛋壳质量比用石粉好	含钙量不低于34%
硫酸钙（石膏）	可提供硫及钙，生物利用率高，有清热泻火功效，可治疗用于啄羽、啄肛症	硫酸钙盐含量不低于98%

表5-10　常用矿物质饲料（富磷饲料）

名称	营养特性	质量标准
磷酸氢钙	性质稳定，微溶于水，利用率良好。应注意劣质品含氟量易超标，不可使用	白色或灰白色的粉末或粒状，含磷16.0%以上，含钙21.0%以上，含氟量不超过含磷量的1%，砷含量不超过0.003%，重金属（以Pb计）不超过0.002%

（续）

名称	营养特性	质量标准
骨粉	所含磷利用率高，但因成分变化大，来源不稳定且常有异味而影响其利用	含钙量不低于 17%，含磷量不低于 10%，水分不超过 9%，盐酸不溶物不超过 1.5%，粗灰分不超过 65%

二、常用添加剂

乌骨鸡的安全生产应严格按照我国的《饲料添加剂安全使用规范》和《饲料药物添加剂使用规范》使用添加剂（表 5-11、表 5-12）。

表 5-11 常用添加剂分类表

营养性添加剂	微量元素	铜、铁、锌、锰、硒、碘、钴
	维生素	维生素 A、维生素 D、维生素 E、维生素 K、维生素 B_1、维生素 B_2、维生素 B_3、维生素 B_5、维生素 B_6、维生素 B_{12}、维生素 H、胆碱、叶酸
	氨基酸	蛋氨酸、赖氨酸、色氨酸、精氨酸、苏氨酸
非营养性添加剂	保健助长剂	抗生素类 杆菌肽锌、硫酸黏杆菌素、莫能菌素等
		助消化类 酶制剂、益生素等
	产品改进剂	防霉剂 丙酸钙、山梨酸钾
		抗氧化剂 乙氧喹、抗氧剂 264（BHT）、丁基羟基茴香醚（BHA）
		风味剂 柠檬酸、叶黄素
		工艺用剂 海藻酸钠、α-淀粉、硅铝酸钙

表 5 - 12　常用非营养性添加剂

名称	主要用途	用法用量 （每吨饲料添加量）	休药期
植酸酶	提高磷等矿物元素利用率，消除植酸盐的抗营养作用	300 000～1 000 000 国际单位	0 天
益生菌	提高生长鸡成活率，提高饲料利用率，降低鸡白痢的发病率，提高蛋鸡产蛋率	按生产厂说明使用	0 天
寡聚糖	作为促长剂替代抗生素	0.2%～0.5%	0 天
杆菌肽锌	促进畜禽生长	用量 4～40 克（有效成分计），用于 16 周以下鸡	0 天
黄霉素	促进畜禽生长	5 克（有效成分计）	0 天
硫酸黏杆菌素	用于革兰氏阴性杆菌引起的肠道感染，并有一定的促生长作用	2～20 克（有效成分计）	7 天，蛋鸡产蛋期禁用
大蒜素	增加肉鸡的风味，提高鸡的成活率，增加鸡的食欲，防治动物肠炎、下痢、食欲不振等	100～400 克	0 天
牛至油预混剂	用于预防及治疗猪、鸡大肠杆菌、沙门氏菌所致的下痢，促进畜禽生长	防病用量 450 克，治疗量加倍，促生长用量 50～500 克	0 天
金霉素（饲料级）	对革兰氏阳性菌和阴性菌均有抑制作用，用于促进猪、鸡生长	10 周内鸡用量 20～50 克（以有效成分计）	7 天，蛋鸡产蛋期禁用
磷酸泰乐菌素	防治畜禽细菌及支原体感染	5～50 克（以有效成分计）	5 天，蛋鸡产蛋期禁用
硫酸新霉素	治疗畜禽的葡萄球菌、痢疾杆菌、大肠杆菌、变形杆菌感染引起的肠炎	75～150 克（以有效成分计）	5 天，蛋鸡产蛋期禁用
盐霉素钠	用于预防鸡球虫病和促进畜禽生长	50～70 克（以有效成分计）	蛋鸡产蛋期禁用；禁止与泰乐菌素、竹桃霉素并用；休药期 5 天

(续)

名称	主要用途	用法用量 (每吨饲料添加量)	休药期
海南霉素钠	用于防治鸡球虫病	5~7.5 克 (以有效成分计)	蛋鸡产蛋期禁用；休药期 7 天
地克珠利	用于防治鸡球虫病	1 克 (以有效成分计)	蛋鸡产蛋期禁用
氢溴酸常山酮	用于防治鸡球虫病	3 克 (以有效成分计)	蛋鸡产蛋期禁用；休药期 5 天
环丙氨嗪	控制动物厩舍内蝇幼虫的繁殖	50 克 (以有效成分计)，连用 4~6 周	

三、常用中草药添加剂

乌骨鸡的安全生产中，应尽量使用中草药添加剂替代西药添加剂来预防和控制疾病，以提高生产性能。常用中草药添加剂有：

1. 常用清热解毒类中药添加剂　见表 5-13。

表 5-13　常用清热解毒类中药添加剂

药名	药性	主要化学成分	药理作用	用法用量
石膏	味甘、辛，性寒	十水硫酸钙	清热泻火、味辛主散，除烦止渴，特善清气分实热	饲料中添加 1%~2% 或与其他中药组方用
双花	味甘，性寒	绿原酸、异绿原酸、木犀草素	清热解毒、散热解表。抗菌、抗病毒作用等	常与黄芩、连翘配合，饲料中添加 0.5%~2%
板蓝根	味苦，大寒	靛蓝、靛玉红、蒽醌类、β-谷甾醇、γ-谷甾醇，还含黑芥子苷，靛苷	清热解毒、凉血消肿，抗病毒、抑菌、抗炎、提高免疫功能等	饲料中添加 0.5%~1%，用于预防病毒病
鱼腥草	味辛酸，微寒	鱼腥草素	清热解毒、利湿、抑菌、镇痛，抑制流感杆菌、葡萄球菌	与其他药配伍，预防鸡慢性呼吸道病和大肠杆菌病

（续）

药名	药性	主要化学成分	药理作用	用法用量
连翘	味苦，性寒	连翘苷、连翘酚、齐墩果醇等	入心经，清心泻火，并有抗菌、强心、利尿、抗炎等作用	常配双花使用
苦参	味苦，性寒	苦参碱、氧化苦参碱、苦参素、甲基金雀花碱等	对金黄色葡萄球菌、绿脓杆菌及皮肤真菌有较强的抑菌作用，另有升白细胞及抗炎作用	常与其他药配合，在饲料中添加1%，用于预防细菌性疾病
马齿苋	味酸，性寒	含大量去甲肾上腺素和多量钾盐。还含多巴、多巴胺、甜菜素、草酸、苹果酸、柠檬酸等	对大肠杆菌、变形杆菌、痢疾杆菌、伤寒杆菌、副伤寒杆菌有高度的抑制作用，对金黄色葡萄球菌、真菌、结核杆菌也有不同程度的抑制作用，对绿脓杆菌有轻度抑制作用	用于促进生长、防治细菌性疾病。饲料中可添加干粉2%～5%
黄柏	味苦，性寒	小檗碱、防己碱、黄柏碱、药根碱、黄柏酮、蝙蝠葛任碱、白栝楼碱、木兰碱、柠檬苦素等	清热祛湿，泻火除蒸，解毒疗疮。对金黄色葡萄球菌、肺炎双球菌、大肠杆菌、绿脓杆菌、伤寒杆菌、副伤寒杆菌等，均有不同程度的抑制作用	饲料中添加0.5%～1%，防治细菌性疾病，可提高生长速度和产蛋性能
菊花	味甘微苦，微寒	腺嘌呤、胆碱、水苏碱、密蒙花苷、木犀草素-7-葡萄糖苷、大波斯菊苷、刺槐素-7-葡萄糖苷以及花色素；尚含挥发油	对宋氏痢疾杆菌、变形杆菌、伤寒杆菌、副伤寒杆菌、绿脓杆菌、大肠杆菌及霍乱弧菌等具有抑制作用	夏季在饲料中添加1%～2%，可防暑、解热
穿心莲	味苦，性寒	穿心莲内酯	清热解毒，消肿，抗菌、抗病毒，提高白细胞吞噬能力	饲料中添加0.5%～1%，或每只成年鸡每天2克，单用或配伍用
蒲公英	味甘苦，性寒	蒲公英素、蒲公英苦素、蒲公英固醇	清热解毒，消肿散结。对葡萄球菌及真菌有抑制作用，还有利尿、止血、利胆功效	与甘草配合使用，按1%～2%加至饲料中，预防鸡白痢及慢性呼吸道病
知母	味苦，性寒	根茎含有多种皂苷，其皂苷原为菝葜皂苷原	清热降火，入肺胃经，主用于清肺热咳喘，胃热烦渴	常配黄芩、桑皮、桔梗等，用于预防鸡慢性呼吸道病

2. 作用于呼吸道的常用中药添加剂　见表 5 - 14。

表 5 - 14　作用于呼吸道的常用中药添加剂

药名	药性	主要化学成分	药理作用	用法用量
半夏	辛温而燥	挥发油，左旋麻黄碱，β-谷甾醇，胡萝卜苷，尿黑酸，原儿茶醛，姜辣烯酮，黄芩苷，黄芩苷原等	镇咳，镇吐和催吐，下气止呕、和胃降逆消痞，促细胞分裂	常与陈皮、茯苓、甘草同用，用于预防鸡呼吸道感染
天南星	味苦、辛，性温	块茎含三萜皂苷、安息香酸、黏液质、氨基酸、甘露醇、生物碱。果实含类似毒蕈碱样物质	祛湿化痰、祛风定惊、消肿散结	饲料中添加1%，或与其他药同用，可预防鸡慢性呼吸道病
白矾	味酸、涩，性寒	硫酸铝钾	祛湿祛痰、止泻止血	常配板蓝根、穿心莲、桔梗等，用于预防鸡慢性呼吸道病
前胡	性微寒，味苦、辛。归肺、脾、肝经	根含挥发油及香豆素类化合物，另含白花前胡戊素	疏散风热；降气化痰	常与贝母、桔梗、桑白皮同用，可防制鸡呼吸道疾病
贝母	苦、甘、微寒。归肺、心经	生物碱和核苷	止咳化痰、清热散结	常配板蓝根、山豆根、桔梗、杏仁等，用于鸡呼吸道病的预防
瓜蒌	味甘、微苦、性寒，归肺、胃、大肠经	果实含三萜皂苷、有机酸、树脂、糖类和色素，瓜蒌皮含少量挥发油	清热化痰、宽胸散结、润肠滑肠、消痈疮肿毒	常配黄芩、栀子、麦冬等，用于预防鸡肺热型呼吸道病
桑白皮	甘寒，入肺经	含伞形花内酯、东莨菪素、黄酮成分如（桑根皮素、桑索、桑色烯、环桑素、环桑色烯等）	泻肺平喘，利水消肿。用于肺热咳喘、利水消肿。对流感杆菌有抑制作用	常与黄芩、贝母同用，防治鸡呼吸道疾病

（续）

药名	药性	主要化学成分	药理作用	用法用量
百部	味甘苦，微温，归肺经	百部碱、次百部碱、异次百部碱、原百部碱等	润肺下气止咳，杀虫。对金黄色葡萄球菌、肺炎杆菌、大肠杆菌等多种经菌及某些流感杆菌有抑制作用	常与紫菀、款冬、黄芩等同用
桔梗	味苦、辛，性微温。入肺经	含多种皂苷，另含α-菠菜甾醇、α-菠菜甾醇、β-D-葡萄糖苷、桦皮醇、桔梗聚果糖、氨基酸等	宣肺、祛痰、利咽、排脓、镇痛、解热	单用在饲料中添加1%或与其他呼吸道中药同用

3. 常用补益类中草药　见表5-15。

表5-15　常用补益类中草药

药名	药性	主要化学成分	药理作用	用法用量
黄芪	甘，微温。归肺、脾、肝、肾经	黄酮类成分毛蕊异黄酮、黄芪皂苷、黄芪多糖、多种氨基酸、苦味素、胆碱、叶酸、黄烷化合物及硒、硅、锌、钴、铜、钼等多种微量元素	补气固表，利尿排毒，排脓，敛疮生肌的功效。增强非特异性免疫功能，显著增加血液中的白细胞总数，促进中性粒细胞及巨噬细胞的吞噬功能和杀菌能力。对某些细菌有抑制作用	饲料中添加0.5%~2%，可促进生长和提高产蛋率
党参	性平，味甘、微酸。归脾、肺经	含多种糖类、酚类、甾醇、挥发油、黄芩素、葡萄糖苷、皂苷及微量生物碱	补中益气，健脾益肺。可明显促进ConA活化的脾淋巴细胞DNA和蛋白质的生物合成，增强网状内皮系统吞噬能力，提高机体抗病能力	配合其他中草药，在蛋鸡饲料中添加1%~3%，可提高产蛋率
白术	苦、甘，温。归脾、胃经	含挥发油，主要成分为苍术酮、苍术醇，亦含苍术醚、杜松脑、苍术内酯、羟基苍术内酯、脱水苍术内酯	具有健脾益气，燥湿利水，止汗，安胎的功效。能增强垂体-肾上腺皮质功能及网状内皮系统功能	同甘草及其他健脾益气等中草药同用，蛋鸡饲料中添加1%~2%

（续）

药名	药性	主要化学成分	药理作用	用法用量
甘草	性平，味甘，归十二经	主含三萜皂苷。其中主要的一种为甘草甜素，其他的三萜皂苷有乌拉尔甘草皂苷A、B和甘草皂苷（又含黄酮素类化合物：甘草苷原，甘草苷，异甘草苷原等）	补脾益气、清热解毒，祛痰止咳、脘腹等。肾上腺皮质激素样作用，甘草甜素对某些药物中毒、食物中毒、体内代谢产物中毒都有一定的解毒能力，甘草次酸有明显的中枢性镇咳作用。此外甘草甜素、甘草次酸盐尚有抗炎症及抗过敏、抗肝损伤、抗促癌、抗菌作用等	多与其他中草药配伍使用，鸡饲料中添加0.5%~2%
山药	味甘，性平。能补脾胃、益肺肾	含薯蓣皂苷原，多巴胺，盐酸山药碱，多酚氧化酶，尿囊素，止权素Ⅱ，又含糖蛋白、淀粉酶、黏液蛋白等	具有促进干扰素生成和增加T细胞数的作用，山药水提液还可消除尿蛋白，具有抑制产生突变细胞的作用	饲料中添加0.5%~5%（干粉），可显著提高产蛋率
当归	甘、辛、温。归肝、心、脾经	藁本内酯、正丁烯酰内酯、阿魏酸、丁二酸、烟酸、尿嘧啶、腺嘌呤及氨基酸、维生素B₁₂、维生素E、β-谷固醇、亚油酸等	补血活血，润肠通便，还有镇痛、催情、养胎等作用。对痢疾杆菌、伤寒杆菌、大肠杆菌、白喉杆菌、霍乱弧菌及A、B溶血性链球菌等均有抑制作用	与淫羊藿等配伍用，产蛋鸡料中添加0.5%~2%，可显著提高产蛋率
何首乌	味苦、甘；涩，性微温。归肝、肾经	蒽醌类化合物，主要为大黄素、大黄酚、大黄素甲醚、大黄酸、大黄酚蒽酮。又含芪类化合物：白藜芦醇、云杉新苷等	解毒，消痈，润肠通便。有促进造血功能，增强免疫功能，类似肾上腺皮质功能的作用，对金黄色葡萄球菌、福氏痢疾杆菌、乙型溶血性链球菌以及流感病毒等均有不同程度抑制作用	常与贯众、麦芽等配伍，于肉鸡料中添加量为0.3%~0.5%
淫羊藿	辛、甘、温。归肝、肾经	淫羊藿苷、淫羊藿次苷、黄酮类化合物、木脂素、生物碱、挥发油等	补肾阳，强筋骨，祛风湿。具雄性激素样作用，增强网状内皮系统的吞噬能力，促进骨质生长，尚有抗衰老、抗疲劳、抗病毒等作用	配合其他中草药，饲料中添加0.5%~1%，可提高产蛋率、受精率

（续）

药名	药性	主要化学成分	药理作用	用法用量
艾叶	辛、苦，温，有小毒。归肝、脾、肾经	含挥发油，油中主要为桉叶精、α-侧柏酮、α-水芹烯、β-丁香烯、莰烯、樟脑、藏茴香酮、反式苇醇等	理气血，逐寒湿；温经，止血，安胎。具抗菌、抗真菌、平喘、利胆、止血、抗过敏等作用	蛋鸡料添加 0.5%~2%，可显著提高产蛋率，肉鸡料也可用
杜仲	甘、微辛，温。入肝、肾经	杜仲胶、杜仲苷、黄酮类、鞣质、松脂醇二葡萄糖苷、山柰酚等	增强肾上腺皮质功能和机体免疫功能；有镇静、镇痛和利尿作用；有一定强心作用	饲料中添加 0.5%~2%，可增强鸡对各种疾病的抵抗力

4. 其他类中草药添加剂 见表 5-16。

表 5-16 其他类中草药添加剂

药名	药性	主要化学成分	药理作用	用法用量
仙鹤草	味苦涩、性微温、无毒	仙鹤草素、槲皮素、金丝桃苷、儿茶素、没食子酸、仙鹤草内酯、仙鹤草醇、鹤酚及鞣质、甾醇、皂苷和挥发油等	止血作用，抗菌、抗炎作用，对枯草杆菌、金黄色葡萄球菌、大肠杆菌、绿脓杆菌、福氏痢疾杆菌及伤寒杆菌等均有抑制作用，还有杀虫作用	饲料中添加 1%~2%，可防细菌病及球虫病
益母草	苦、辛，微寒。归肝、心包经	益母草碱，另含水苏碱、芸香苷和延胡索酸、益母草素、异益母草素及益母草琴素、益母草亭碱等	强心、增加冠状动脉流量和心肌营养血流量的作用，对血小板聚集、血小板血栓形成、纤维蛋白血栓形成以及红细胞的聚集性均有抑制作用，还有抗真菌作用	常与其他药配伍，饲料中添加 0.5%~2%，可提高产蛋率
川芎	辛，温。归肝、胆、心包经	藁本内酯、3-丁酰内酯、香桧烯、丁烯酰内酯、川芎内酯、新蛇床内酯、川芎酚、双藁本内酯	活血行气，祛风止痛。对大肠杆菌、痢疾杆菌、变形杆菌、绿脓杆菌、伤寒杆菌、副伤寒杆菌等有抑制作用，对某些致病性皮肤真菌也有抑制作用。还有镇痛、镇静，增强呼吸及血管运动中枢功能	配合其他中草药使用，用于蛋鸡，在饲料中添加 1%~2%

（续）

药名	药性	主要化学成分	药理作用	用法用量
大黄	苦，寒。归胃、大肠、肝、脾经	蒽类衍生物、鞣质类、有机酸类、挥发油类等。尚含有脂肪酸、草酸钙、葡萄糖、果糖和淀粉	攻积滞；清湿热；泻火；凉血；祛瘀；解毒。利胆、保肝，促进胰液分泌、抑制胰酶活性，抗胃及十二指肠溃疡，以及抗菌及抗病毒作用	配合其他中药使用，可用于防治鸡传染性法氏囊病等
松针粉	味苦涩，性温	含蛋白质、维生素、胡萝卜素、挥发油、树脂、叶绿素，还含有植物激素、植物杀菌素、未知生长因子（UGF）等生物活性物质	对致病菌金黄色葡萄球菌、大肠杆菌均具有较强的抑菌能力，可解毒杀虫，抑制机体内有害微生物的生长繁殖，消除食积气滞，促进畜禽生长，能有效提高畜禽产品品质	在肉鸡或产蛋鸡日粮中可添加3%～5%
芒硝	味咸微苦，性寒无毒	结晶水硫酸钠，少量氯化钠、硫酸镁	大剂量泻热通便，小剂量为健胃、强壮剂	蛋鸡或肉鸡料中添加0.2%～0.3%
藿香	味辛，性微温，气芳香。归肺、脾、胃经	挥发油类广藿香酮、广藿香醇、有苯甲醛、丁香油酚、桂皮醛等，黄酮类化合物芹黄素、鼠李黄素、商陆黄素	祛暑解表；化湿和胃。有抗真菌、抗病毒、钩端螺旋体作用，挥发油有刺激胃肠黏膜、促进胃液分泌、帮助消化的作用	用于预防暑湿症，临床经常与佩兰配伍同用。饲料中添加0.5%～1%
茯苓	性味甘、淡、平，入心、肺、脾经	三萜类：茯苓酸、羟基茯苓酸等，茯苓聚糖，麦角甾醇	具有渗湿利水、健脾和胃、宁心安神的功效	多与其他药配伍，用量2%～3%
槟榔	味苦、辛，性温。归胃、大肠经	含总生物碱约0.5%，主为槟榔碱，少量槟榔次碱、去甲槟榔碱、去甲槟榔次碱等，脂肪酸有月桂酸、肉豆蔻酸、棕榈酸、亚油酸、十二碳烯酸及十四碳烯酸等	驱虫；消积；下气；行水；截疟。有驱虫、抗真菌、抗病毒作用，同时可增加胃肠平滑肌张力，增加肠蠕动，消化液分泌旺盛，食欲增加。收缩支气管，减慢心率，并可引起血管扩张，对中枢神经系统尚有拟胆碱作用	0.1%～0.2%
贯众	味辛、苦，性寒。入肺经	含绿三叉蕨素、绵马酸、白三叉蕨素、黄三叉蕨素	清热解毒，凉血止血，杀虫。能驱绦虫，对流感病毒有抑制作用，对某些细菌及真菌也有抑制作用	0.5%～1%

(续)

药名	药性	主要化学成分	药理作用	用法用量
陈皮	性温,味辛、苦;归脾、肺经	含挥发油,油中主要成分为D-柠檬烯、还含β-月桂烯、α-及β-蒎烯等,另含黄酮类成分橙皮苷、新橙皮苷、柑橘素、二氢川陈皮素等,还含辛弗林等	具理气降逆、调中开胃、祛湿化痰之功。挥发油对胃肠道有温和的刺激作用,可促进消化液的分泌,排除肠管内积气,有刺激性被动祛痰作用,使痰液易咯出。煎剂可使肾血管收缩,使尿量减少,与维生素C、维生素K并用,能增强消炎作用	用于提高食欲、促生长,用量0.5%~3%
山楂	味酸、甘,性微温。归脾、胃、肝经	含碳键的黄酮苷类、黄酮醇及其苷类等。此外含有机酸如绿原酸、咖啡酸、鞣质、表儿茶酚、胆碱、乙酰胆碱、胡萝卜素及大量维生素C等	对痢疾杆菌有较强的抑制作用,可增加胃中酶类分泌而助消化,有增加冠流、强心、降低血压等作用	单用或配伍用,用量0.5%~2%,可提高产蛋率、饲料转化率、生长速度等

第二节　乌骨鸡的饲养标准

一、种鸡营养标准

乌骨鸡种鸡的营养需要标准见表5-17。

表5-17　乌骨鸡父母代种鸡营养标准

营养指标	育雏期 (0~6周龄)	育成期 (7~19周龄)	预产期 (20~23周龄)	产蛋期 (24~68周龄)
代谢能（兆焦/千克）	11.88	11.25	11.46	11.46
粗蛋白质（%）	18.0	14.0	17.5	16.5
粗脂肪（%）	3.0	3.0	3.0	3.0
粗纤维（%）	3.0	3.0	3.0	3.0

（续）

营养指标	育雏期 (0~6 周龄)	育成期 (7~19 周龄)	预产期 (20~23 周龄)	产蛋期 (24~68 周龄)
亚油酸（%）	1.0	1.0	1.5	1.5
钙（%）	0.90	1.0	1.5	3.20
有效磷（%）	0.45	0.40	0.42	0.40
钠（%）	0.18	0.18	0.16	0.16
蛋氨酸（%）	0.32	0.28	0.30	0.28
赖氨酸（%）	0.94	0.60	0.85	0.77

二、商品代肉鸡营养标准

乌骨鸡商品代肉鸡的营养需要标准见表 5-18。

表 5-18 商品代肉鸡营养标准

营养指标	小鸡（1~28 日龄）	中鸡（29~60 日龄）	大鸡（60 日龄）
代谢能（兆焦/千克）	12.5	12.7	12.9
粗蛋白质（%）	21.0	19.0	17.0
粗脂肪（%）	4.0	5.0	6.0
粗纤维（%）	3.0	3.0	3.0
亚油酸（%）	1.0	1.0	1.0
钙（%）	0.90	0.85	0.80
有效磷（%）	0.45	0.42	0.40
钠（%）	0.15	0.15	0.15
蛋氨酸（%）	0.45	0.40	0.35
赖氨酸（%）	1.14	0.95	0.80
蛋氨酸＋胱氨酸（%）	0.87	0.72	0.64
精氨酸（%）	1.23	1.15	1.00
色氨酸（%）	0.21	0.19	0.16
苏氨酸（%）	0.75	0.71	0.65

三、饲养与体重参考标准

1. 乌骨鸡种鸡育成期饲养与体重参考标准　见表 5－19。

表 5－19　乌骨鸡种鸡育成期饲养与体重参考标准

周龄	体重控制（克）		日营养摄入			限饲方法	饲料种类	光照	备注
	体重	增重	料量（克）	代谢能（兆焦）	蛋白质（克）				
1	65		8	0.098	1.7	自由采食	雏鸡料	24至12小时	
2	125	60	15	0.185	3.2				断喙
3	210	85	21	0.259	4.4				
4	300	90	26	0.320	5.5				
5	400	100	31	0.382	6.5				
6	500	100	36	0.444	7.6				
7	600	100	42	0.518	8.8				全群称重、分群、选种
8	660	60	42	0.496	7.5	六一	过渡后备料		
9	710	50	43	0.485	6.2	五二	育成料	自然光照	
10	760	50	44	0.497	6.4				
11	800	40	45	0.508	6.5				全群称重、分群、选种
12	840	40	45	0.508	6.5	四三			
13	880	40	45	0.508	6.5				
14	920	40	46	0.519	6.7				
15	960	40	48	0.541	7.0				全群称重、分群
16	1 000	40	50	0.564	7.3	五二			
17	1 050	50	52	0.587	7.5				

（续）

周龄	体重控制（克）		日营养摄入			限饲方法	饲料种类	光照	备注
	体重	增重	料量（克）	代谢能（兆焦）	蛋白质（克）				
18	1 100	50	55	0.621	8.0	六一	育成料	自然光照	驱虫
19	1 160	60	58	0.664	9.3		过渡预产料		按耻骨开张分群
20	1 220	60	62	0.721	10.9	每日	预产料		
21	1 290	70	66	0.767	11.6				选种
22	1 360	70	70	0.813	12.3			13.5 小时	
23	1 420	60	74	0.863	12.4		过渡种鸡料	14 小时	产蛋率达 5%前换料

注：①10～3 月份进苗，3～8 月份开产鸡群执行此标准。

②后备鸡培育以控制适宜的开产周龄和开产体重、提高体重均匀度和性成熟均匀度、达到开产时体成熟和性成熟一致为原则。

③以体重控制为主线，育雏期体重要尽量达到或超过标准体重，育成前中期体重控制在标准体重±3%以内，育成前中期体重均匀度达到 80%以上，预产期重点调整性成熟均匀度。

④料量控制、光照管理、限饲模式作为控制体重和性成熟的辅助手段，根据不同季节、不同区域、不同营养配方进行灵活调整。

2. 乌骨鸡种鸡产蛋期饲养与体重参考标准 见表 5-20。

表 5-20 乌骨鸡种鸡产蛋期饲养与体重参考标准

自然周龄	产蛋周龄	体重控制（克）		日营养摄入			产蛋率（%）	入孵率（%）	只孵蛋（个）	累计只产蛋（个）
		体重	增重	料量（克）	代谢能（兆焦）	蛋白质（克）				
24	1	1 460	40	78	0.913	12.5	15	0	0	0
25	2	1 490	30	82	0.960	13.1	30	30	0.6	0.6
26	3	1 520	30	86	1.006	13.8	50	70	2.4	3.1
27	4	1 540	20	88	1.029	14.1	60	85	3.5	6.6

（续）

自然周龄	产蛋周龄	体重控制（克）		日营养摄入			产蛋率（%）	入孵率（%）	只孵蛋（个）	累计只产蛋（个）
		体重	增重	料量（克）	代谢能（兆焦）	蛋白质（克）				
28	5	1 560	20	88	1.029	14.1	72	90	4.5	11.1
29	6	1 580	20	88	1.029	14.1	74	92	4.7	15.8
30	7	1 600	20	88	1.029	14.1	76	93	4.9	20.6
31	8	1 610	10	88	1.029	14.1	76	93	4.8	25.5
32	9	1 620	10	88	1.029	14.1	76	94	4.9	30.4
33	10	1 630	10	88	1.029	14.1	75	94	4.8	35.2
34	11	1 640	10	88	1.029	14.1	74	94	4.7	39.9
35	12	1 645	5	88	1.029	14.1	72	94	4.6	44.5
36	13	1 650	5	87	1.018	13.9	70	94	4.4	48.9
37	14	1 655	5	87	1.018	13.9	69	94	4.4	53.3
38	15	1 660	5	86	1.007	13.8	67	94	4.2	57.5
39	16	1 665	5	86	1.007	13.8	65	94	4.1	61.6
40	17	1 670	5	85	0.995	13.6	63	94	3.9	65.5
41	18	1 675	5	85	0.995	13.6	62	94	3.9	69.4
42	19	1 680	5	84	0.983	13.4	61	94	3.8	73.2
43	20	1 685	5	84	0.983	13.4	60	94	3.7	76.9
44	21	1 690	5	83	0.971	13.3	58	94	3.6	80.5
45	22	1 695	5	83	0.971	13.3	57	94	3.5	84
46	23	1 700	5	82	0.960	13.1	56	94	3.4	87.5
47	24	1 705	5	82	0.960	13.1	55	94	3.4	90.8
48	25	1 710	5	82	0.960	13.1	54	94	3.3	94.1

（续）

自然周龄	产蛋周龄	体重控制（克）		日营养摄入			产蛋率（%）	入孵率（%）	只孵蛋（个）	累计只产蛋（个）
		体重	增重	料量（克）	代谢能（兆焦）	蛋白质（克）				
49	26	1 715	5	82	0.960	13.1	53	93	3.2	97.3
50	27	1 720	5	81	0.948	13.0	52	93	3.1	100.4
51	28	1 725	5	81	0.948	13.0	51	93	3.1	103.5
52	29	1 730	5	81	0.948	13.0	50	93	3	106.5
53	30	1 735	5	81	0.948	13.0	49	92	2.9	109.4
54	31	1 740	5	81	0.948	13.0	48	92	2.8	112.2
55	32	1 745	5	81	0.948	13.0	47	92	2.7	114.9
56	33	1 750	5	81	0.948	13.0	46	91	2.6	117.6
57	34	1 755	5	81	0.948	13.0	45	91	2.6	120.1
58	35	1 760	5	81	0.948	13.0	44	91	2.5	122.7

注：①10～3月份进苗，3～8月份开产鸡群执行此标准。

②产蛋鸡管理以控制合理的料量、维持营养摄入与营养需求平衡为原则。

③以料量控制为主线，根据体重增长、体况、产蛋量、气候条件、采食时间灵活调控料量。

第三节　饲料配制、加工与保存

一、饲料配制

商品饲料可分为饲料原料、预混料、浓缩料、全价料。全价料一般分为颗粒料和粉料两种，可直接饲喂，其他饲料均需进行加工后才可饲喂。目前，在养鸡场中使用最广泛的是用预混料配合其他饲料原料加工成全价料，而使用最方便的预混料是4%添加量的，只需另加能量饲料、蛋白质饲料及钙粉即可（表 5 - 21）。

表 5 - 21　各种饲料使用比较

饲料种类	使用方法	优缺点
原料	按营养标准设计配方，采购各种原料，通过各种工艺混合后使用	优点是可以完全按照营养要求生产；缺点是维生素、微量元素及各种添加剂的原料采购较困难
1%预混料	加上能量饲料、蛋白质饲料、钙磷饲料即可	优点是使用方便；缺点是不能精确按照鸡的营养需要设计配方，成本稍高
4%预混料	加上能量饲料、蛋白质饲料、钙粉即可	优点是使用方便；缺点是不能精确按照鸡的营养需要设计配方，成本较高
全价料	直接饲喂	优点是无需建饲料厂，使用方便；缺点是成本高

二、饲料加工

（一）加工工艺

养鸡场加工饲料最常用的方式是用预混料来加工全价饲料。其加工工艺流程如下：

营养标准选择→预混料选择→配方设计→原料采购→原料检验→原料粉碎→按配方称量→混合→装包→成品

（二）加工设备

1. 化验设备　一般养鸡场只要配备测量水分、容重的仪器设备，规模稍大的场可再配备定氮仪和钙磷测定仪，无需配备太多的化验设备，其他化验可委托专业部门做。

测定饲料中的水分含量有很多方法，热解重量法具有简便、快速、准确、样品用样量少等优点，是首选的，因而得到越来越广泛的应用。热解重量法包括国家标准的烘干法、红外线快速水分测定仪、卤素快速水分测定仪等。红外线饲料水分测定仪采用热解重量原理，是一种新型快速饲料水分检测仪器。其检测结果与国标烘箱法具有良好的一致性，具有可替代性，且检测效率远远高于烘箱法，一般样品只需几分钟即可完成测定。

2. 粉碎工艺及设备

饲料粉碎的工艺流程为：

原料→称重→磁选装置除铁→粉碎→输送至混合机

粉碎机有对辊式粉碎机、齿爪式粉碎机、锤片式粉碎机等，饲料生产中使用最多的是锤片式粉碎机。这是一种利用高速旋转的锤片来击碎饲料的机械，它具有结构简单、通用性强、生产率高和使用安全等特点。

粉碎设备的选择与使用应注意以下几点：

（1）生产能力。一般粉碎机的说明书和铭牌上，都载有粉碎机的额定生产能力（千克/小时）。但应注意粉碎所载额定生产能力，一般是以粉碎玉米，含水量为储存安全水分（约13%）和1.2毫米孔径筛片状态下的台时产量为标准。粉碎鸡料所选用的筛片一般要在3毫米以上，实际生产能力会大于额定生产能力，因此只要粉碎机的额定生产能力达到鸡场最高饲料消耗量即可。

（2）能耗。粉碎机的能耗很大，在购买时，应考虑节约能源。根据有关部门的标准规定，锤片式粉碎机在用筛孔直径1.2毫米的筛片粉碎玉米时，每度电的产量不得低于48千克。目前，国产锤片式粉碎机每度电的产量已大大超过上述规定，优质的已达70~75千克/（千瓦·时）。

（3）功率。机器说明书和铭牌上均标有粉碎机配套电动机的功率。标明的功率往往不是一个固定的数而是一个范围，例如，9FQ-60型粉碎机使用筛孔直径1.2毫米的筛片时，电机容量应为40千瓦；换用筛孔直径2毫米的筛片时，电机容量应为30千瓦；换用筛孔直径3毫米的筛片时，电机容量应为22千瓦，否则会造成一定的浪费。

（4）排料方式。粉碎成品通过排料装置输出有三种方式：自重落料、负压吸送和机械输送。小型单机多采用自重下料方式以简化结构，中型粉碎机大多带有负压吸送装置，机械输送多为台式产量大于2.5吨/小时的粉碎机。

（5）粉尘与噪声。饲料加工中的粉尘和噪声主要来自粉碎机。选择粉碎机时应充分考虑这两项卫生指标。如果不得已而选用了噪声和粉尘高的粉碎机，则应采取消音及防尘措施，以改善作业环境，以利于操作人员的身体健康。

（6）粉碎机长期作业，应固定在水泥基础上。如果经常变动工作地点，粉碎机与电动机要安装在用角铁制作的机座上，如果粉碎机以柴油机作动力，应使两者功率匹配，即柴油机功率略大于粉碎机功率，并使两者的皮带轮槽一致，皮带轮外端面在同一平面上。

（7）粉碎机安装完后要检查各部紧固件的紧固情况，若有松动须予以拧紧。

（8）要检查皮带松紧度是否合适，电动机轴和粉碎机轴是否平行。

（9）粉碎机启动前，先用手转动转子，检查一下齿爪、锤片及转子运转是否灵活可靠，壳内有无碰撞现象，转子的旋向是否与机身上箭头所指方向一致，电机与粉碎机润滑是否良好等。

（10）不要随意更换皮带轮，以防转速过高使粉碎室产生爆炸，或转速太低影响工作效率。

（11）粉碎机启动后先应空转2～3分钟，没有异常现象后再投料工作。

（12）工作中要随时注意粉碎机的运转情况，送料要均匀，以防阻塞闷车，不要长时间超负荷运转。若发现有振动、杂音、轴承与机体温度过高、向外喷料等现象，应立即停车检查，排除故障后方可继续工作。

（13）操作人员不要戴手套，送料时应站在粉碎机侧面，以防反弹杂物打伤面部。

3. 配料及混合工艺与设备　配料及混合工艺是饲料生产的核心工艺，一般工艺流程见图 5-1。

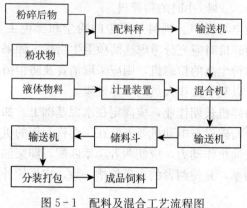

图 5-1　配料及混合工艺流程图

混合机是配料及混合工艺中的关键设备，常见的混合机有卧式梨刀混合机、双螺带混合机、双行星混合机、卧式无重力混合机、V 形混合机、双螺旋锥形混合机、行星动力混合机等。立式锥形混合机存在许多缺点，维修率很高，因此在粉料或颗粒状物料混合时，应选择卧式混合机，此种设备混合效率高，混合质量好，卸料时间短，残留量也少。但选择及使用卧式混合机需注意以下几点：

（1）根据每天生产量挑选卧混机。因混合机每批物料加工时间约 10 分钟，加上出料及进料的时间，每批物料加工时间可按 15 分钟计，则 1 小时可以连续加工 4 批料。如选择每批加工量 500 千克的混合机，则每小时可加工 2 000 千克。用户可以根据自己的生产量挑选卧式混合机。

（2）根据卧式螺旋带式混合机工作原理，用于搅拌混合的双螺旋带向相反方向推送物料的能力应是基本一致的。为达到推送物料的能力一致，内螺旋带的螺距应小于外螺旋带，而宽度应大于外螺旋带，否则会使物料向一个方向集中。因此，在选择卧式混合机时要注意这一点。

（3）按设计原理，螺旋带式混合机中螺旋带与壳体之间的间隙可以为4～10毫米，物料可以被摩擦力带动全部参加混合。但由于粉碎粒度及物料的摩擦系数不一样，因此会使不同组分的物料参加混合的时间不同，造成产品的不均匀性。目前有的厂家已意识到这一点并对产品进行改进。一种是注意加工精度，使底隙减少到3毫米左右；另一种是将主轴与壳体之间做成位置可调整的形式，根据磨损量可经常调整螺旋带与壳体之间的间隙。在选择混合机时，这两种形式的产品应是最佳选择。

（4）选择卧式螺旋带式混合机要注意出料方式。应与供应商及时沟通选择适合自己工艺的阀门形式，同时不要选择侧口的出料形式。原因是：当混合机在规定时间完成搅拌混合后，最短时间内一次放清可保证物料的均匀度；如用侧口螺旋带逐渐放净，一是耽误时间，达不到预期生产率，二是物料本身已达到最佳均匀度，过度搅拌反而会使物料离析，破坏了均匀度，从而失去了选用卧式混合机的意义。

（5）使用卧式混合机要注意投料的次序。一般是先投大料，如玉米粉、豆粕粉等，然后再投小组分料，如预混料。注意预混料一定不用螺旋提升机投料，应用一次性翻斗式投料，或用人工投料，这样可以避免预混料中有效成分的离析流失。

（6）使用卧式混合机，应在混合机启动后再逐批投料。混合结束放料时也不要停机，料出净后再混合一批。如果满载后再启动，会引起动力距太大而烧毁电机。

（7）使用卧式混合机应严格掌握混合时间，一般为10分钟左右，时间过长或过短都会影响混合均匀度。

三、饲料保存

1. 防潮　无论是饲料原料还是成品饲料，防潮是最重要的一环，首先是不要购进水分超标的原料，其次饲料仓库地面要做防潮处理，饲料堆放的时候尽量不要靠墙壁，仓库不能有雨水飘进。饲料仓库应通风，避免饲料吸潮等。

2. 防鼠 应注意饲料仓库地面硬化强度，门、窗密封性良好，窗户有铁丝网，天花板上也不能有老鼠可进入之处，并经常灭鼠。

3. 保质期 应注意各种饲料的保存期限，并尽量缩短保存时间。

（康照风　王光琴）

第六章

乌骨鸡安全生产的饲养管理

第一节　乌骨鸡育雏期的饲养管理

一、育雏前的准备及开食

（一）雏鸡的生理特点

雏鸡（1～42 日龄）的生理特点是：体温调节机能不完善，既怕冷又怕热；生长发育快，短期增重极为显著；消化能力弱；对环境变化敏感；抗病力差等。因此，在育雏时要有较适宜的环境温度；配料时既要力求营养全面，又要充足供应；在饲养上要精心调制饲料，做到营养丰富，适口性好，易于消化吸收；严格执行消毒和防疫制度，搞好环境卫生；在管理上保证育雏室通风良好，空气新鲜，经常洗刷用具，保持清洁卫生，及时使用疫苗和药物，预防和控制疾病的发生。

（二）清洗育雏舍

1. 平养　在进雏前 1 周将房舍维修好。室内的墙壁用 10% 的石灰乳粉刷，垫好垫草，调试好增温和育雏设备，调整室内温度在 28℃以上。

2. 笼养　修好鸡笼，把育雏用具，如饮水器、饲料盘、桶等移出，在一个专门的清洗区用清水进行清洗、晾干，然后用消毒药进行浸泡消毒。用配好的消毒药液对舍内全面喷洒，然后用高压水枪将育雏室、屋顶、墙壁笼具冲刷干净，特别是墙角笼

壁。等晾干后把底网、侧网归位。用 10%石灰乳加入 3%苛性钠
对舍内进行喷洒消毒罩白。晾干后把料槽、水壶、粪盘、垫纸等
用品移入育雏室。随后先把舍内升温至 15～20℃，按每立方米
用高锰酸钾 21 克与福尔马林 42 毫升熏蒸消毒，密闭一天之后，
通风换气。

（三）用具准备与消毒

饲槽、饮水器等先要洗刷干净，然后用 3%的来苏儿或 2%
的火碱水或双链季铵盐络合碘等浸泡消毒，再用清水洗干净，晒
干备用。最后用福尔马林和高锰酸钾熏蒸消毒。

（四）饲料、记录和培训

1. 饲料　准备好育雏料，并保证其质量。提供优质的育雏
料，雏鸡用料最好用营养丰富、易于啄食和消化的全价颗粒
料。可以饲喂粗颗粒的粉料，但最好饲喂颗粒破碎料。实践证
明，用破碎料的生长速度、成活率远好于粉料。无论采用什么
料，其颗粒粒度应均匀，否则鸡只挑选适合自己的饲料就很难
达到体重标准。应在第一周末获得一个超出标准的体重，这样
处于平均体重之下、均匀度之外的部分鸡只也能得到良好的
发育。

2. 记录　认真、按时记录每天的存栏数、死淘数、耗料数、
饮水量、采食时间、温度、湿度、通风、光照、消毒、免疫、用
药、称重等情况，以便在生产中发现异常，查找原因尽快解决问
题，还可以积累资料和丰富经验，不断总结和提高。

3. 培训　充分调动工人积极性，在育雏前对工人进行技术
培训，增强工人积极性和责任感，并根据以往批次积累的资料
和经验制订鸡的成活率、均匀度、体重、耗料量和用药量等重
要指标，做到奖罚分明、奖勤罚懒。这样可以促使工人挖掘潜
力，充分发挥自己的主观能动性。育雏前的准备简易流程如图
6-1。

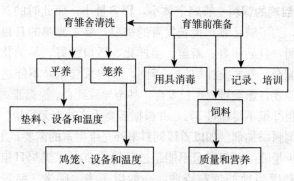

图 6-1　育雏前的准备简易流程

（五）入雏

雏鸡到达之后，即可转入育雏室，按 60 只/米² 或依鸡群数及笼面积均匀放入育雏笼内。刚装进笼的雏鸡，按每只小鸡笼内装 40 只雏鸡的密度进行装笼。在育雏期间根据雏鸡的生长情况适时进行分笼，保证合理的密度，一般在育雏结束前，每只小笼装鸡 25 只。

（六）饮水

雏鸡入笼后 1 小时饮用 5％～8％葡萄糖温水，加入电解多维效果更好，把饮水器放入笼的一侧供鸡饮用。初饮后不应该再断水，前期少饮勤添。由于育雏室前期温度高，饮水器很容易污染，建议每天洗刷 1 次并消毒。一周之后在笼的一头把料槽改为饮水器，同时逐渐撤出饮水器给鸡群腾出活动空间。100 千克水中兑入电解多维 250 克，以防应激。前 10 天采用 1 升雏鸡饮水器，10 天后逐步改用中雏饮水器或乳头式自动饮水器。

（七）开食

1. 开食　鸡群进入育雏室 24 小时或有 1/3 雏鸡有寻食表现时就可开食。开食直接用全价雏鸡配合饲料饲喂。开始应少喂勤添，以半小时吃完为宜。饲喂次数，第 1 周每 2 小时喂一次，第 2 周每 3 小时喂一次，第 4 周以后每天喂 4 次。自然光照时，每天 3 次饲喂，要定时定量。

2. 雏鸡的饲料 雏鸡个体小，胃容量小，而此时的新陈代谢很旺盛，为了满足雏鸡生长发育的需要，要求雏鸡的日粮营养丰富、全面，且品质好、新鲜、多样化、适口性好、易消化，严格按比例配合，并要搅拌均匀。否则，影响采食量，不能达到正常的营养需要，影响雏鸡生长发育，甚至导致死亡。根据雏鸡的营养要求，粗纤维不得超过 5%，并根据需要适当补充无机盐、维生素及其他饲料添加剂。如以青绿饲料来补充维生素的需要，出壳后 7 天开始少量喂给，但喂量不能超过日粮的 20%。雏鸡日粮的配合应充分利用当地的饲料资源，一般以玉米、碎米、糙米、豆饼（或豆粕）、芝麻饼、花生饼、鱼粉、麦麸、米糠等组成。要求加工细致，有利于消化吸收。为了帮助雏鸡消化，1 周后可在日粮中拌入少量的细砂（不超过 1%），或用盘另盛，任其自由采食。

二、育雏方式与季节

（一）育雏方式

人工育雏按雏鸡所占的面积和空间，大致可分为平面育雏和立体育雏两大类。

1. 平面育雏 平面育雏是指雏鸡饲养在铺有垫料或金属网状地板的地面上。此类育雏方式有地下温床育雏、地上水平烟道育雏、保温伞育雏、红外线灯育雏、金属网上育雏等。

（1）地面温床育雏 地下坑道供热，热源在地下，使地表面有一定的温度，育雏效果好，成本低，适用于广大农村养鸡户。燃料可用煤、柴草等。在有温泉的地区，利用温泉供热育雏更为经济（彩图 6-1）。

（2）地上水平烟道育雏 可在育雏舍内砌地上烟道；或燃烧煤球炉、木炭炉在舍内空间架水平排烟铁皮管道。燃料多用煤、木柴和木炭。简便实用，燃料来源广，育雏效果好，但要注意控制温度。适用于广大农村和电力缺少地区。

（3）保温伞育雏　保温伞也叫保姆伞。热源可用煤炉、电热丝、煤油、液化石油气、红外线灯等。伞可安装自动调温装置。其优点是管理方便，育雏效果好。一般每个保温伞可育雏鸡300～400只。

（4）红外线灯育雏　是利用红外线灯散发的热量育雏，简便易行，被广泛使用。它的特点是温度稳定，室内干净，垫料干燥，发病率低，育雏效果好。但耗电多，灯泡易损坏，成本高。为保持温度，室内应另设升温设备，各盏灯的保温育雏数与室温有关。

（5）网上育雏　在离地面50～60厘米高的铁丝网上或用木竹制的条板地面上养育雏鸡。为了便于清粪，应设计成可以掀开的活动板网架。网上育雏可提高饲养密度10%～15%，节省垫料，雏鸡不接触粪便，减少疾病传播，目前已被大、中型鸡场采用，效果较好。缺点是日粮要求高，育雏温度也相应高些，使耗能增加。

2. 立体育雏　是用分层育雏笼来育雏，是工厂化和现代化养鸡的一种方式。可采用手工、机械化或半机械化操作。立体育雏的热源有热水管、电热丝供应，也可通过直接提高室温来供温（彩图6-2和彩图6-3）。此种方式的优点是：

（1）提高单位面积的育雏数和鸡舍利用率。

（2）管理方便，提高劳动生产率，适于大规模育雏。

（3）雏鸡采食均匀，发育整齐，减少疾病传播，成活率高。缺点是投资大，对营养、通风及卫生条件要求高。

（二）育雏季节

季节与育雏的效果有密切关系，因此育雏应选择适宜的季节，并应根据不同地区和环境条件进行选择。在自然环境条件下，一般以春季育雏最好，初夏与秋冬次之，盛夏最差。

1. 春雏　指3～5月份孵出的鸡雏，尤其是3月份孵出的早春雏。春季气温适中，空气干燥，日照时间长，便于雏鸡活动，鸡的体质好，生长发育快，成活率高。春雏开产早，第一个生物学产蛋年度时间长，产蛋多，蛋大，种用价值高。

2. 夏雏　指 6～8 月份出壳的鸡雏。夏季育雏保温容易，光照时间长，但气温高，雨水多，湿度大，雏鸡易患病，成活率低。如饲养管理条件差，鸡生长发育受阻，体质差，当年不开产，产蛋持续期短，产蛋少。

3. 秋雏　指 9～11 月份出壳的鸡雏。外界条件较夏季好转，发育顺利，性成熟早，开产早，但成年体重和蛋重小，产蛋时间短。

4. 冬雏　指 12 月至翌年 2 月份出壳的鸡雏。保温时间长，活动多在室内，缺乏充足的阳光和运动，发育会受到一定影响。但疾病较少，成活率较高，由于育成时间长，饲养成本较高。

乌骨鸡采用的育雏舍主要是开放式和半开放式育雏舍，因此，以春季育雏为宜。

三、育雏条件

（一）温度

雏鸡由胚胎期生活转为外界生活，体小娇嫩，适应能力差，对环境条件的影响十分敏感，容易死亡。为了使雏鸡能正常地生长发育，必须做好各项育雏前的准备工作，创造最适宜的环境条件。雏鸡体温调节机能不完善，首先它没有丰满的羽毛，脂肪、肌肉含量少，保温性能差；其次采食量少，各个器官发育不完善，产热量少；还有雏鸡通过呼吸、腹部、脚底来散热，故散热快。因此，雏鸡体温较低，育雏需要较高的温度。雏鸡在出生后10天才能达到成鸡的体温，3 周后体温调节机能才逐渐完善，7～8周才具有适应外界温度变化的能力。所以温度是育雏成败的关键，是提高雏鸡成活率、饲料报酬、增重的主要措施。育雏温度忌忽冷忽热，要做到冬天高夏天低，夜间高白天低，阴天高晴天低，肉鸡高种鸡低，弱鸡高强鸡低。

1. 提前预温　应根据不同的鸡舍结构、饲养方式、供热方式、垫料状况及季节变化调节舍内温度。鸡舍需要预温至 24～28℃，料盘和饮水器周围的地面温度应达到所要求的 29～33℃，并提供优质的新鲜空气。往往入舍前的垫料温度决定雏鸡的舒适度，温度过高过低都会影响雏鸡开食和饮水。适宜的温度可增强雏鸡的代谢，使雏鸡生长迅速，抗病能力增强。但是，过度的高温育雏易引起呼吸道疾病，导致雏鸡生长缓慢，羽毛生长慢、无光泽，爪干，皮肤粗糙，采食量少，饮水量大，瘦弱多病等。舍内温度过低，雏鸡易受凉引起肺炎和肠炎，雏鸡活动能力差，影响采食饮水及生长发育，同时易造成过度挤压死亡。温度适宜与否可以从雏鸡的行动上看出：当雏鸡远离热源、伸翅、张嘴、喘气、频频饮水、不愿采食，说明温度过高，此时应缓慢降温；如果雏鸡靠近热源，拥挤，"叽叽"鸣叫，活力差，说明温度过低，此时应及时提高温度。只有雏鸡采食后均匀散开，安静相处，不时伸腿伸颈，表现出熟睡状，当遇外界声响，能迅速奔跑，表明温度适宜。实践发现，雏鸡比较喜欢的垫料温度是 30℃以上，冬季应比夏季高 1～2℃。雏鸡长时间接触垫料，因此垫料必须保持干燥。国外常采用热敏照相系统，及时检测舍内温度是否均衡，这个系统在育雏期会带来很大的帮助。

2. 育雏室温度要求　育雏的环境温度要有高、中、低三个水平，让雏鸡自行选择适温带，也有利于室内空气对流。在夜间和大风降温天气应特别注意育雏室内的温度是否合适。可用温度计来测定，温度计显示的温度只是一种参考。温度计应距离热源50 厘米和地上 5 厘米处。立体笼养育雏，温度计应挂在床网或底网以上 5 厘米处，每层温差在 0.5℃以内。更重要的是饲养员能"看鸡施温"，即温度适宜时，鸡群分布均匀，活动正常；温度偏低时，鸡群扎堆，靠近热源；温度偏高时，远离热源，张嘴喘气。整个育雏期间，切忌温度忽高忽低。

总之，在整个育雏过程中应给雏鸡生长创造一个平稳、合适的温度环境，切忌忽高忽低，剧烈的温度变化将会带来不良后果。特别要注意后半夜自然温度最低时刻，也是饲养员最疲劳易打瞌睡的时间，容易出现温度偏低的现象。所以整个鸡舍的温度控制感应器应安装在鸡只高度，以控制鸡舍的适宜温度。

（二）湿度

1. 湿度 湿度对雏鸡的健康和生长有较大的影响。育雏期应根据育雏温度和雏鸡日龄科学地控制温度。在育雏的头 10 天内，由于育雏温度较高，加上雏鸡个体小，呼出的气体少，排出粪便较干，育雏室内空气的相对湿度往往偏低，这种高温低湿环境往往会使雏鸡丧失较多水分。随着雏鸡日龄的增长，室内易潮湿，因此育雏后期干燥的环境比潮湿的环境有利于雏鸡的健康，尤其是保持垫料的干燥。

2. 湿度与其他条件相互作用 孵化过程中出雏机内的相对湿度很高（约 80%），为尽快减少从孵化机转到鸡舍给雏鸡带来的应激，最理想的条件下，前 3 天雏鸡感受的相对湿度应达到70% 左右，每天应检测育雏舍内的相对湿度。相对湿度对 1～2 周的雏鸡影响尤为明显，若湿度过低，鸡水分散失带走部分热量，从而感觉到的温度也较低，在 32℃ 情况下也可引起扎堆现象，而且，雏鸡体内水分消耗过大，体内剩余蛋黄吸收不良，易造成腹泻。据有关资料表明，在低湿情况下雏鸡出雏后 72 小时体重比出雏时减轻 15%，严重的可减轻 30%。此外，舍内空气过分干燥，灰尘量大，易诱发呼吸道疾病和导致球虫免疫失败，且雏鸡羽毛生长不良。育雏第一周相对湿度低于 50% 时，会导致雏鸡生理发育差，进而均匀度较差。所以应采取措施提高相对湿度，防止雏鸡脱水。如果鸡舍内装有用于炎热季节冷却降温的高压喷雾系统，可"间歇式"使用此系统以提高舍内相对湿度，并根据相对湿度相应调整舍内温度，否则喷雾冷却会导致雏鸡受凉。湿度过大，易导致病原微生物繁殖，容易诱发球虫病和曲霉菌病。育雏的温度和湿度要求见表 6 - 1。

表 6-1　乌骨鸡育雏的温度和湿度要求

日龄	温度（℃）	湿度（%）
1～7	28～36	60～75
8～21	26～28	55～65
22～35	24～26	55～60
36～45	18～23	55～60

（三）密度

一般冬季和早春天气寒冷，饲养密度可相对高些，夏秋季节适当降低些。随着日龄的增长，单位面积所养的雏鸡数量要逐渐减少，每周龄减少 3～5 只。弱雏体质差，经不起拥挤，应分群单独饲养，降低饲养密度。饲养密度对雏鸡生长和鸡舍空间利用有很大影响。密度过大，不但室内空气污浊，影响雏鸡发育和易患慢性呼吸道疾病，而且鸡群互相挤压在一起抢食，强者多食，弱者少食，结果造成前者超重，后者体轻而弱，使整个鸡群发育不整齐，还易发生啄癖。密度过小，鸡舍利用率低。密度应随日龄、通风情况、饲养方式（采食位置）等调整。据报道，密度增加 1 倍，感染细菌机会增加 4 倍。育雏的密度要求见表 6-2。

表 6-2　乌骨鸡育雏的密度要求

饲养方式	日龄	密度（只/米²）
地面平养	1～14	30
	15～28	25
	29～45	20
网上平养	1～14	40
	15～28	30
	29～45	25
立体笼养	1～14	60
	15～28	40
	29～45	30

（四）通风

通风换气的主要目的是使污浊的气体排出，换以新鲜的空气，并调节室内的温度和湿度。雏鸡在生长发育的过程中，需不断吸入新鲜的氧气和呼出二氧化碳，并排出一定的废气，如硫化氢、氨气等，只有通过通风换气，才能保证鸡只健康。鸡舍内的有害气体主要有氨气、硫化氢气体、一氧化碳、二氧化碳等。氨气浓度过高时，常发生黏膜的碱损和全身碱中毒、黏膜充血炎症、呼吸道疾病和贫血。严重时还会导致黏膜水肿、肺水肿和中枢神经中毒性麻痹。硫化氢浓度过高时引起的是黏膜酸损伤和全身酸中毒，情况如同氨气。二氧化碳浓度过高，持续时间长时主要是造成缺氧。所以一般情况下，鸡舍氨气的浓度不能超过 20 毫克/米^3，硫化氢气体不能超过 10 毫克/米^3，二氧化碳气体不能超过 1 500 毫克/米^3，通风可以通过自然通风和机械通风来完成。

通风换气的时间最好选择在晴天中午前后，要缓慢进行，门窗开启度应从小到大，最后呈半开状，切不可突然将门窗大开，让冷风直吹，使室温突然下降，通风切忌穿堂风、间隙风。如果早晨进入鸡舍感觉臭味大，时间稍长就有刺眼的感觉，则表明二氧化碳和氨气的浓度超标，饲养员应注意经常通风，及时清除鸡舍内的粪便。

（五）光照

雏鸡出壳至 3 日龄时，每天 24 小时连续光照，目的是为了让雏鸡熟悉料槽、水槽位置和室内环境，训练雏鸡的采食与饮水等。除定时给以较强光线外，其他时间都以弱光为好。从第 4 天到 20 周龄（种鸡 22 周龄），每昼夜光照时间一般为 8 小时，不能低于 7 小时，也不能超过 11 小时（密闭式育雏舍）；开放式育雏舍不能控制光照时间，采用自然光照时间即可。一般雏鸡出壳10 天后，在温暖无风的天气，中午可以短时间打开窗户，使日光照进室内，让雏鸡晒太阳，不能关着窗户晒太阳，因为紫外线不能透过玻璃。如果舍外温度达到育雏要求的温度，在天气晴朗暖和无风时，可将雏群放到室外栅栏内，使雏鸡得到充分运动和晒太阳；初期时间不宜过长，15～30 分钟为宜。因为 10 日龄的鸡食量不大，过多的运动会使其体力消耗太多，因此应当控制，以后随日龄的增加逐渐延长光照时间。到 20 日龄后，可让雏鸡自由出入鸡舍。但要注意，不要强制驱赶，否则鸡会不回舍内。在天气炎热的季节，运动场上要设置凉棚，以免阳光暴晒，如晒的时间过长则容易造成死亡。

光照强度：鸡舍内光照强度应适当控制在一定范围内，不应过强或过弱。光照强度太大，不仅提高成本，而且鸡容易惊群，恶癖发生率增加，不易管理。光照强度太低，不利于鸡的采食，达不到光照刺激的目的。除了雏鸡出壳至 3 日龄时采用 20 勒克斯照度外，其他时间以 5 勒克斯照度为宜，一般要求在 10 勒克斯以下为宜。如以每 15 米^2 鸡舍计算，在第一周时用 1 个 40 瓦灯泡悬挂于离地面 2 米高的位置，第二周开始换用 25 瓦灯泡即可。

光色：光的颜色对鸡的行为和生产力有一定影响，其原因有待进一步研究。一般以橙、黄、红、绿为好，青、黄光易使雏鸡发生恶癖。据报道，目前世界上大多采用红光育雏，可防止喙羽、啄肛等现象；饲料消耗少，产蛋率较高，而且蛋的品质好。

光照的原则：①采用弱光，以防各种恶癖发生；②补充光照不能时长时短，以免造成光刺激；③开灯、关灯最好利用调光器，开灯时光线慢慢亮起来，关灯时光线慢慢暗下来。光照时间和强度见表 6-3。

表 6-3 密闭式乌骨鸡育雏光照条件

日龄	光照时间（小时）	光照强度（勒克斯）
0～3	24	20
4～21	7～11	5
22～42	自由出入鸡舍	5

四、育雏期的饲养管理要点

（一）做好进雏前准备

（1）进雏前做好鸡舍的维修、消毒和人员的选择工作。

（2）进雏前用消毒水浸泡饮水管、水箱，1～2天后进行冲洗，提前1天准备好足够的饮水器、饲料桶并对其进行消毒、清洗。

（3）进雏前一天必须进行保温设备的调试，能正常使用后使舍温升到育雏温度的要求，温度升到规定指标时，打开排气扇通风，再加热调整，使之能保持适温。

（二）做好1日龄的疫苗接种和开食工作

（1）雏鸡进入育雏舍后应先饮水，间隔2～3小时再喂料。

（2）1～3日龄时在饮水中添加葡萄糖、电解多维、开食补液盐等营养保健品，同时确保饮水器充足、饮水清洁卫生，过夜水要及时更换，开食应掌握勤喂少添的原则，以免引起消化不良等疾病。

（三）做好饲养管理的各项细节

1. 温度控制 由于雏鸡调节体温的功能不完善，加上体表只有绒毛，没有羽毛，特别怕冷。初生雏鸡体温低于成年鸡1～3℃，到3周左右体温调节中枢机能才逐步完善，机体产热能力增强，绒羽脱换新羽生长后体温才逐渐处于正常。雏鸡对环境适应能力低，既怕冷、又怕热，因此给雏鸡提供适宜温度条件，有利于雏鸡生长发育。具体温度要求如下：

1～3日龄，保温层温度为34～35℃，室温相应比保温层低3～4℃，即31～32℃；

4～7日龄，保温层温度33～34℃，室温30～31℃；

8～11日龄，保温层温度32～33℃，室温29～30℃；

12～15日龄，保温层温度30～31℃，室温27～28℃；

16～20日龄，保温层温度，28～30℃，室温26～27℃，但以室温为主；

21 日龄，一般以室温 20～25℃为主，根据天气情况逐渐下降，例如，每天降 0.5～1℃。

要结合"看鸡施温"的方法调节温度，防止昼夜温差过大。

2. 处理好保温与通风的关系

（1）1 周龄时要以保温层温度为主，通风为辅，在温度达标的情况下可适当开窗通风，但要避免贼风直接吹到鸡群。

（2）1 周龄后，在保温层与室温都达标的情况下，要考虑氨气浓度。如果鸡舍氨气味过浓，要尽量开窗通风；如果有害气体不能及时排出，会影响雏鸡增重，降低饲料转化率，引发疾病。

（3）控制好湿度，舍内要保持适宜的湿度，湿度过高或过低均不利于雏鸡的生长，1 周龄时湿度为 70%～75%，2 周龄下降到 65%，3 周龄尽量保持在 55%～60%，湿度过高有利于病原微生物的生存和寄生虫卵的发育，易诱发球虫病、曲霉菌病；湿度过低舍内干燥，灰尘、羽屑飞扬，鸡体内水分散失，食欲不振，易患呼吸道疾病，羽毛生长不良。

3. 光照管理　育雏期 1～5 周龄均采取 24 小时光照。

4. 合理的饲养密度　视季节和鸡只数量的不同，进雏时一般每层放 150～200 只，第 2 天开始逐步进行扩栏，降低密度，保证雏鸡有足够的活动空间。

5. 饲喂方法及料量　喂料要采用少量多餐原则，一般每天添加 2～4 次，让其自由采食，同时记录每天采食量。

6. 减少免疫接种的应激　在每次免疫前，提前 1 天使用维生素或抗应激的药物进行拌料或饮水。

7. 饮水和喂料方式的过渡　一般 1～10 日龄用料桶喂料，饮水器供水，10～15 日龄后逐步过渡到用料槽喂料和使用自动饮水器供水，确保不能断水。

8. 搞好鸡舍环境卫生和消毒　每天早上喂料前要洗手、踏脚消毒液，早上喂完料和下午下班前要清扫地面并消毒 1 次，并对鸡舍门口和道路进行消毒，10 日龄以上鸡群每天中午带鸡喷雾消毒 1 次。

9. 及时清除鸡粪 要求每 2～4 天清除鸡粪 1 次，可根据鸡舍内氨味情况灵活处理。

10. 提高均匀度管理 每周龄末要抽样 5％称公母鸡体重，在不同的栏位和层数随机抽测，确保抽样准确。在免疫接种和断喙时要及时挑出弱小和残次鸡做淘汰处理。

11. 提高断喙质量 乌骨鸡一般要求在 15～19 日龄进行断喙，具体要根据鸡群健康状况来决定，断喙前后 2 天要用维生素 K、抗生素或中草药拌料，同时维生素饮水。

12. 做好转群前后的各项工作 根据季节和品系的不同，夏季一般在 35 日龄左右时进行转群，冬季约 42 日龄进行。转群前后 2 天使用维生素和抗生素饮水，减少应激和预防呼吸道疾病；根据鸡数和品种规划好放鸡位置及每笼的只数；调整好育成舍的饮水器高度；准备好转舍用具。转群一般在早上进行，并要避开阴雨天气，安排好捉鸡和放鸡人员，转群过程要轻拿轻放，每笼密度要适度，防止闷死鸡和跑鸡现象。转群后认真检查饮水器的每个乳头是否正常出水，防止缺水。乌骨鸡育雏流程见图 6 - 2。

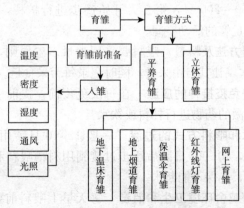

图 6 - 2　乌骨鸡育雏简易流程

（武艳萍）

第二节 乌骨鸡育成期的饲养管理

从育雏结束到转入产蛋鸡舍前这段时间为育成期，也称为青年鸡阶段。一般称7～20周龄这段时间的鸡为青年鸡。在实践中，人们往往十分重视雏鸡和产蛋鸡的饲养管理，却忽视了青年鸡的饲养，青年鸡饲养得好坏直接影响到产蛋鸡生产性能的发挥，从而影响到鸡场的经济效益。

一、饲养方式

饲养方式与鸡舍建筑形式有密切关系，为此，在设计鸡舍时必须同时考虑采用哪种饲养方式，一般要合理地利用鸡舍空间，发挥鸡舍效益。饲养方式又与饲养分段制度有关，全程饲养的鸡群，其饲养方式与两段式及三段式饲养的要求有很大不同，因此对鸡舍建筑形式的要求也存在差异。确定饲养方式不仅要考虑鸡群自身的需要和管理的方便，还必须考虑到投资的大小和鸡场的水、电、暖条件，做到因地制宜。

青年鸡的饲养方式主要分为平养和笼养两种。

(一) 平养

平养是指鸡在一个平面上活动，又分为落地散养、网上平养和混合地面平养。平养鸡舍的饲养密度小，建筑面积大，投资相对较高，一般肉鸡才使用这种饲养方式（彩图6-4至彩图6-9）。

1. 落地散养 适宜于饲养雏鸡、育成鸡、肉用仔鸡、肉用种鸡、中型蛋用种鸡、地方品种鸡等，也可饲养轻型蛋用种鸡。地面平养方式的主要优点是不需过多的设备，投资少，活动范围大，利于强健鸡群的体质。饲养肉鸡时，因可以铺设柔软的垫料，而会减少胸、腿部疾病的发生。缺点是单位面积饲养数量少，在防疫卫生方面，要将加强垫料管理作为主要内容之一。

2. 离地网上平养　网上平养为鸡群离开地面，活动于金属或其他材料制作的网片上，也称全板条地面。可以饲养各类鸡。饲养容量稍大于地面平养，少于笼养，管理操作上优于地面平养。由于是离地饲养，对卫生管理有利，但必须有一定的设备投资。网（栅）上平铺塑料网、金属网或镀塑网等类型的漏缝地板，地板一般高于地面约 60 厘米。鸡生活在板条上，粪便落在网下，鸡不直接接触粪便，有利于疾病的控制。离地网上平养在平养中饲养密度最大，每平方米可养种鸡 4.8 只。

3. 混合地面饲养　就是将鸡舍分为地面和网上两部分，地面部分垫厚垫草，网上部分为板条棚架结构。板条棚架结构床面与垫料地面之比通常为 6∶4 或 2∶1，舍内布局主要采取"两高一低"或"两低一高"。"两高一低"是国内外使用最多的饲养方式，即沿墙边铺设板条，一半板条靠前墙铺设，另一半靠后墙铺设。产蛋箱在板条外缘，排向与鸡舍的长轴垂直，一端架在板条的边缘，一端悬吊在垫料地面的上方，便于鸡只进出产蛋箱，也可减少占地面积。使用这种板条棚架和垫料地面混合饲养方式，每只种鸡的产蛋量和种蛋受精率均比全板条型饲养方式高。但饲养密度稍低一些，每平方米养肉种鸡 4.3 只。

（二）笼养

笼养就是将鸡饲养在用金属丝焊成的笼子中。根据鸡种、性别和鸡龄设计不同型号的鸡笼，适宜于饲养各种类型各阶段的鸡（彩图 6 - 10 和彩图 6 - 11）。

1. 优点

（1）提高饲养密度。立体笼养可比平养密度提高 3 倍以上。

（2）节省饲料。鸡饲养在笼中，运动量减少，耗能少，耗料减少。

（3）鸡不接触粪便，有利于鸡群防疫。

2. 缺点

（1）投资较大。

（2）养鸡易发生猝死综合征，影响鸡的存活率和产蛋性能。

（3）淘汰鸡的外观较差，骨骼较脆，出售价格较低。

二、饲养条件

（一）育成期开产前鸡舍准备和饲养管理

育成鸡舍的准备主要是清洗、消毒、检修、空舍等。鸡群从雏鸡舍转到青年鸡舍时一定要减少鸡的应激。蛋鸡开产前后是指开产前 3 周至产蛋率达 65％左右这段时间，一般为 18～24 周龄。这期间，青年鸡由育成舍转入产蛋鸡舍，不仅饲养管理与环境因素都有所改变，而且这段时间母鸡生理变化剧烈，敏感，适应力较弱，抗病力较差，因此，这个阶段的饲养管理水平，直接影响到蛋鸡的开产日龄和以后的产蛋量。蛋鸡开产前的饲养管理应注意以下几方面。

1. 做好转群上笼前的准备　鸡舍和设备对产蛋鸡的健康和生产有较大影响。转群上笼前要检修鸡舍及设备，认真检查喂料系统、饮水系统、供电照明系统、通风换气系统、排水系统和笼具、笼架等设备，如有异常应及时维修；产蛋鸡舍最好采取清扫、冲洗、药液浸泡消毒和熏蒸消毒四道卫生消毒程序，消毒后的鸡舍最好空舍 1 周以上，然后再进青年鸡。同时也要对所用的物品进行消毒。另外，要准备好所需的用具、药品、器械、记录表格和饲料，安排好饲喂人员。

2. 转群上笼

（1）入笼日龄　乌骨鸡一般在 120 日龄上笼，有利于青年鸡对新环境的适应，提高开产后产蛋率的增加幅度。如果上笼时间过迟，会推迟开产时间；已开产的母鸡由于受到转群等强烈应激，也可能造成少产蛋或停止产蛋，延迟产蛋高峰；甚至有的鸡会造成卵黄性腹膜炎，增加死淘数。

（2）选留淘汰　鸡群的整齐度及开产一致性是具有较高生产

性能的保证。入笼时要按品种要求严格淘汰病、残、弱、瘦、小的不良个体，选留精神活泼、体质健壮、体重适宜的优质鸡。

（3）分类入笼　即使育雏育成期饲养管理良好，由于遗传等因素，鸡群中仍会有一些较小鸡和较大鸡，把体重过重和过轻的鸡分开，重新组合鸡群，加强饲养管理，使体重过轻的鸡处在一个较高营养水平下生长，使体重过重的鸡处在饲料控制的状况下，上笼时鸡的体重均匀度应大于 80%，变异系数应小于 10%。按鸡笼容纳的鸡数，每个单笼一次入够数量，避免先入笼的欺负后入笼的鸡。

在目前鸡舍环境控制还不太规范的条件下，饲养密度大会对鸡群的发育及健康造成很大影响，会严重影响开产时小母鸡的体重。为让后备母鸡按时达到开产体重，在生产中应使饲养密度略低于国外标准。产蛋鸡的最适温度为 15～23℃，冬季最好能保持 10℃以上，夏天最好能保持在 30℃以下。温度过高或过低对产蛋都不利。夏季高温时应采取降温措施，冬季则应注意防寒保暖。产蛋鸡舍内适宜的相对湿度为 60% 左右。保持室内空气流通，产蛋鸡舍内二氧化碳含量小于 0.3%，氨气浓度小于 15～20 毫克／米³，硫化氢小于 0.01 毫克／米³；防止各种噪声，保持环境的稳定性；青年鸡上笼后，定期或不定期剔除劣质鸡和病鸡，能减少经济损失和疫病传播，鸡群产蛋率达 50% 时，进行一次全面挑选，把病鸡和不具有产蛋特征的鸡剔除。

3. 饲养　开产前的饲养不仅影响产蛋率上升和产蛋高峰持续时间，而且影响死淘率。

（1）适时更换饲料　开产前 2 周骨骼中钙的沉积力最强，所以，应在开产前把日粮中钙的含量由 0.9% 提高到 2.5%；产蛋率达 20%～30% 时换上含钙量为 3.5% 的产蛋鸡日粮，以满足蛋壳形成的需要。换料应有个时间的过渡，因为鸡对原来的饲料有很强的适应性，如果突然改变饲料，易引起鸡胃肠道菌群平衡失调，严重者诱发各种疾病。具体方法：先 2/3 前料、1/3 后料，饲喂3～4天；换成1/3前料、2/3后料，喂3～4天后，喂后一种料。此外，从开产到产蛋高峰期，饲料的来源与种类必须保持稳定，不能经常更换，以尽量减少换料带来的应激对产蛋率的影响。

（2）保证营养成分的供给 开产前不应限制饲喂，让鸡自由采食，保证营养均衡，促进产蛋率的上升。随着季节温度的变化，饲料中的能量也应相应变动。夏季温度高，饲料里的能量应适当减少；冬季温度低，饲料里的能量相应增加。夏季由于鸡采食量少，蛋白质容易不足，饲料里应适当增加蛋白质的含量；冬季采食量大，可适当减少蛋白质的含量。后备母鸡日粮中可考虑添加膨化大豆粉、鱼油、玉米油或其他油脂，以提高蛋鸡日粮的能量水平。同时在饮水中添加金维他或电解多维。

（3）保证饮水 开产时，鸡体代谢旺盛，需水量大。随季节的变化和产蛋率的上升，鸡的饮水量也发生相应的变化，气温高时及产蛋高峰期饮水量增加。饮水不足，会导致产蛋率下降，并出现较多的脱肛现象。因此，必须保证供给清洁充足的饮水。

4. 加强防疫卫生工作 开产前要进行免疫接种，这次免疫接种对防止产蛋期疫病发生至关重要。根据当地环境和疫病史，在完成基本免疫的前提下进行新的疫苗接种，尤其是曾经发生过疫病的地区，更要加强防疫。有条件的最好是进行抗体效价测定，以掌握最佳免疫时机。疫苗来源要可靠，能保质保量；接种途径要适当，操作正确，剂量准确。接种后要检查接种效果，必要时进行抗体检测，确保免疫接种效果，使鸡群有足够的抗体水平来防御疾病。上笼后，鸡对环境不熟悉，加之进行一系列管理程序，对鸡造成较大应激，随着产蛋率上升，鸡体代谢旺盛，抵抗力差，极易受到病原侵袭，所以必须加强防疫卫生工作。杜绝外来人员进入饲养区和鸡舍，鸡舍门口要设消毒池或消毒垫，饲养人员进入前要消毒，防止病原侵入鸡舍；保持鸡舍环境，注意水槽、料槽的清洗、消毒，以及带鸡喷雾消毒，减少疾病发生。此外，注意使用一些抗生素类药物和中草药防止大肠杆菌病和支原体病的发生。

5. 驱虫　开产前必须进行一次彻底驱虫工作，对寄生于体表的虱、螨类寄生虫，采取喷洒药液的方法进行治疗，对寄生于肠道内的寄生虫，采取饲料拌药喂服。110～130日龄的鸡，每千克体重用左旋咪唑20～40毫克或驱蛔灵200～300毫克，拌料喂饲，每天一次，连用2天以驱除蛔虫；球虫卵囊污染严重时，上笼后要连用抗球虫药5～6天。

6. 光照　光照对鸡的繁殖机能影响极大，增加光照能刺激性激素分泌而促进产蛋，缩短光照则会抑制性激素分泌，因而也就会抑制排卵和产蛋。对产蛋鸡的光照控制，可以刺激和维持产蛋平衡。此外，光照可调节后备鸡的性成熟和使母鸡开产整齐，所以开产前后的光照控制非常关键。现代高产配套杂交品系已具备了提早开产能力，适当提前光照刺激，使新母鸡开产时间适当提前，有利于降低饲养成本。体重符合要求或稍大于标准体重的鸡群，可在16～17周龄时将光照时数增至13小时，以后每周增加20分钟直至光照时数达到16小时；而体重偏小的鸡群则应在18～20周龄时开始光照刺激。光照时数应渐增，如果光照时间过早或突然增加的光照时间过长，不但产蛋小、易引起脱肛，产蛋高峰低，后劲不足，而且整个产蛋期的死淘率也将提高；光照强度要适当，过强易产生啄癖，过弱则起不到刺激作用。密封舍育成的新母鸡，由于育成期光照强度过弱，开产前后光照强度以10～15勒克斯为宜；开放舍育成的新母鸡，育成期受自然光照影响，光照强，开产前后光照强度一般要保持在15～20勒克斯，否则光照效果差。

7. 减少应激　产蛋初期，鸡群兴奋，对各种新环境都易产生应激，应尽可能避免惊扰鸡群；在高峰期，若应激过强将导致产蛋率急剧下降，以后也很难恢复到正常水平。导致应激产生的原因很多，如拥挤、惊吓、转群及饲养管理不当，或破坏其生产技术操作规程等。

（1）合理安排工作时间，减少应激　转群上笼和免疫接种时间最好安排在晚上，捉鸡、运鸡和入笼动作要轻。入笼前在蛋鸡舍料槽中加上料，水槽中注入水，并保持适宜光照强度，使鸡入笼后立即饮到水、吃到料，尽快熟悉环境。保持工作程序稳定，更换饲料时要有过渡期。

（2）使用抗应激添加剂　开产前应激因素多，可在饲料或饮水中加入抗应激剂以缓解应激，常用的有维生素、速溶多维、延胡索酸等。

8. 加强观察　注意细致观察鸡的采食、呼吸、粪便和产蛋率上升等情况，发现问题及时解决。鸡开产前后，生理变化剧烈，敏感不安而易发生挂颈、扎翅等现象，应多巡视，及早发现和处理，以减少死亡。注意观察，及时发现脱肛鸡、啄肛鸡、受欺负鸡和病弱残疾鸡，挑出处理。密切关注产蛋率的上升幅度是否符合标准，以及外界环境对鸡群产生的任何微小影响。

（二）育成鸡的基本环境条件

1. 温度　青年鸡的最佳生长温度是21℃左右，一般控制在15～25℃。夏天要注意防暑降温工作，冬天要注意做好保温工作。

2. 通风　尤其是深秋、冬季及初春的通风，一定要与温度协调起来，进行鸡舍内的通风换气。

3. 湿度　青年鸡舍的相对湿度以50％～55％为宜。每年4～6月份南方为多雨季节，要采取措施降低湿度，保持舍内干燥。勤换垫料，定期清理粪便（清粪一定要及时，每2～4天一次），防止饮水器内的水外溢；北方为干燥季节，需要采取提高湿度的措施。

4. 密度　青年鸡生长发育快，为保证舍内清洁和空气新鲜，防止啄癖和发育不整齐，必须根据鸡的生长发育过程调整密度。

5. 光照　光照对青年鸡的性成熟时间影响较大，不在于光照的强度而在于光照的时间。

（1）密闭式鸡舍的光照管理　密闭式鸡舍因不受外界自然光照的影响，可以采用恒定的光照，即 0～1 周龄采用 23 小时光照，2～20 周龄采用 8～11 小时光照。从 21 周龄开始使用产蛋期光照，密闭式鸡舍不应有漏光。光照管理方案见表 6-4。

表 6-4　密闭式鸡舍光照管理方案

周龄	光照时间（小时/天）	周龄	光照时间（小时/天）
0～1	23	22	13
2～17	8～9	23	14
18	9	24	15
19	10	25～68	16
20	11	69～76	17
21	12		

（2）开放式鸡舍的光照管理　应根据出雏的日期、季节、地理位置的不同来制订不同的方案。1 周龄光照制度基本同密闭鸡舍，2 周龄后有以下两种方式：

第一种为利用自然光照。在我国从 4 月 15 日至 9 月 1 日出雏的雏鸡，其生长阶段的后半期处于日照逐渐缩短的时期，只要光照不短于 10 小时，可完全利用自然光照。

第二种是人工光照和自然光照结合的方法。此法适用于 9 月 1 日到次年 4 月 14 日出雏的生长鸡。在具体实施中，又可以分为恒定和减弱两种光照制度。

①恒定法：查出本批雏鸡到达 20 周龄时当地的白昼时间，从第 2 周到产蛋前恒定此时间，不足时人工补充光照。

②渐减法：查出本批雏鸡到达 20 周龄时当地的白昼时间，然后加人工光照 5 小时，以后每周均匀递减，至 20 周龄时刚好将增加的 5 小时减完。

以上两种光照制度相比前者实行容易，但控制性成熟不如后者，后一种在生产实践中具有一定的难度。具体光照管理方案见表6-5。

表6-5　开放式鸡舍产蛋鸡光照管理方案

周龄	光照时间（小时/天）
23	23
自然光照	自然光照
自然光照	b
a	a
17	17

注：a. 每周加1小时，至16小时恒定。

b. 查出8～17周龄当地日照最长时间，恒定此光照时间。

三、育成鸡的限制饲养

育成鸡羽毛已经丰满，能够调节体温及适应环境变化。身体生长发育较快，对饲料、温度等方面的要求也与育雏鸡不同。育成期的管理主要通过饮食结构调整，比如，在日粮配合上，蛋白质水平不宜过高，含钙不宜过多。另外，要有适当光照，这样可使青年鸡发育成良好的商品鸡（成鸡）。体重控制的主要方法是限制饲养。每次称重时将体重超标或过低的鸡分别单独喂养，适当减少或增加饲喂量，对鸡的体重进行调整，直至最后达到良好的均匀度。

（一）育成鸡的体重与均匀度控制

1. 育成鸡体重与产蛋期体重、蛋重的关系

育成鸡体重与后两者之间呈正相关，也影响着开产日龄与产蛋率。

具备良好体重的育成鸡不仅会适时开产，而且产蛋率也高。否则，即使提前开产也会有不良的后果，如脱肛、子宫炎等问

题。人们在实践中统计得出，正常体重与非正常体重将导致整个产蛋期产生 35～40 枚蛋的差异。

2. 育成期鸡群均匀度与生产性能的关系

（1）提高育成鸡群均匀度的措施　提高鸡群发育整齐度的主要措施如下：

①合理分群：在限饲期间应该将鸡群按照体重大小分为大、中、小三个类群。每间隔 1 周调整一次，方法是将大体重群内的较小个体调入中体重群，中体重群内的偏大、偏小个体分别调入大体重群和小体重群，小体重群内的偏大个体调入中体重群。每次每个群调入和调出的数量尽可能相同。

定期称重是正确评定鸡群群体的平均体重和均匀度的有效方法，也是调整鸡群的依据。通常每隔一周称重一次，4 周后要采取个体抽样称重，抽取的比例取决于鸡群大小，5 000 只以上的鸡群可抽取 2%～3%，1 000～5 000 只的鸡群可抽取 3%～5%。称重时间要固定在每周的同一天进行，以确保称重准确，只有这样才能真正了解鸡群生长和发育状况。实际生产中可以通过观察每个小群（笼）内鸡只个体大小，进行针对性称重，把体重小的和大的分开。

②抑大促小：为了促进全群鸡的体重趋于一致，对大体重群应适当减少喂料量以限制其增重，对小体重群应适当增加喂料量以促进其增重。但是，需要注意的是，对于偏大体重鸡群要根据其超标的幅度决定饲料的减少量。如果体重比标准体重略高，不超过 3%，则下周的喂料量保持稳定不变，不随正常群增加喂料量；如果体重超出标准 3%～5%，下周的喂料量应比本周减少 5%，如果体重超标在 5%～10%，下周的喂料量应比本周减少 7%。同样，对于体重偏小的鸡群，增加喂料量也要控制好幅度，体重低于标准 5% 以内，下周喂料量比本周增加 5%，低于标准 5%～10%，下周喂料量比本周增加 7%。不要急于在一周或二周内大量增减喂料量，不要急于使体重偏大的鸡在短时间内

体重有较多下降，也不要急于在短时间内让体重偏小的鸡增重过快。

③保证均匀采食：均匀进食是鸡群整齐发育的前提，只有让群内的每只鸡每天采食到的各种营养量相似，才能让每只鸡的增重幅度一致。

a. 饲养密度要合适。饲养密度也是决定均匀度高低的一个很重要的方面。密度大的鸡群活动受限，生长发育缓慢，鸡群抢食现象明显，导致均匀度下降。密度过小，则饲养成本增加。具体要根据鸡舍和设备配置来决定。

b. 保证足够的采食和饮水位置。喂料后能够使所有的鸡同时有采食的位置。如果采食位置不足，在添加饲料后强壮的鸡会抢先占住采食位置，弱小的个体只有等待强壮个体吃饱后再采食。对于采用限制饲养方式的青年鸡群，弱小的个体只能吃到很少的饲料。造成大的越大、小的越小。

c. 保证快速投料。无论采取何种方法喂料，应在 3 分钟内将饲料均匀地撒满料槽或料桶，尽可能地使鸡在同一时间吃到饲料。对于同一个笼要尽可能减少加料的持续时间，否则会使一些鸡采食偏多。限饲条件下，特别是使用料限时，如果出现事故，一时又无法修好时，应立即采取人工补料。

d. 对于笼养青年蛋鸡，每个单笼内饲养的鸡只数量要相同，食槽内加料要均匀，每次喂完后要匀料 2～3 次，以保证鸡只采食均匀。

e. 育成期公母鸡分饲。由于公母鸡的采食速度和喂料量有所不同，所以在育成期应公母分开饲养，这不但有利于提高母鸡的均匀度，而且也有利于提高公鸡的均匀度，减少公鸡腿脚病发生率。

f. 严格的防疫卫生。保证鸡群健康是保证鸡群正常发育的基础。

g. 采用适宜的限饲方法。对于肉种鸡育成前期采用四三限饲法，由于喂料日的料量较多，每只鸡都有充分的采食时间，这种方法有利于提高鸡群的均匀度，开产前五二限饲法的过渡，可以避免喂料日料量超高峰的出现。注意实行限饲过程中，如果本周增加饲料，应在本周第一次给料时按上周料量，第二次给料才喂本周料量，这样可以避免鸡被撑死的现象发生：吃得过饱的鸡只，往往趴在地上打颤起不来，此时不能饮水，避免饮水后饲料膨胀加剧鸡的死亡，可将其放在地上使饲料慢慢消化。对于笼养青年蛋鸡或优质肉种鸡，采用每天限饲的方法，最好将当天的饲料一次性喂饲，保证每只鸡都能够吃饱。

（2）**育成鸡群均匀度与生产性能的关系** 一般要求育成鸡的均匀度在80％以上，若低于70％，那么饲养管理上需要改进。实践证明，只有鸡群的体重符合本品种（或品系）所要求的变异范围时，才能表现出遗传性能所赋予的生产性能，即产蛋率、产蛋数及母鸡的存活率等表现为最优。当体重低于最佳体重范围时，上述各项指标显著下降；当体重超过最佳体重范围时，指标差异也显著。

3. 称量 只有详细的称量才能够很好地控制育成鸡的体重与均匀度，对超重的进行限饲，对于低体重的要加强饲喂。当称重测得鸡群的均匀度低于70％时，尤其是严重低于平均体重时，就要及时地分析原因。一般从疾病、喂料的均匀性、密度、管理等方面去查找。根据其原因采取相应的措施。

（二）育成期的饲养与限制饲喂

育成期饲养，7～20周龄饲料中粗蛋白质含量应逐渐减少，通过低营养的水平控制，避免鸡体重过大、早熟、早产。同时，饲料中矿物质的含量要充足。钙磷比例为1.2～1.5∶1，还应增加维生素和微量元素的比例。

1. 限制饲喂的目的 限制饲喂的目的是适当地推迟性成熟，节约饲料，淘汰病弱鸡。限制饲喂可以控制鸡的生长和性成熟。鸡在自由采食状态下，除夏季外都有过量采食的情况，这不仅造成经济上的损失，而且还会促使鸡积蓄过多脂肪，导致超重，产蛋不佳，容易脱肛，易发脂肪肝，死亡率高，性早熟，易发生小鸡产大蛋，导致难产、死亡。限饲使鸡性成熟适时化和同期化，还可以节约 10%左右的饲料。

2. 限制饲喂的方法　限制饲喂的方法有限量、限时、限质等多种方法，也可同时采用限时与限量相结合的方法。蛋用型鸡多从 9 周龄开始限饲，肉用种鸡从 4 周龄即开始限饲。

（1）限量　就是不限制采食时间，把配合好的日粮按限制量喂给。限制量一般蛋用鸡为正常饲喂量的 80%，肉用种鸡为70%，因为肉用鸡更易沉积脂肪。

（2）限时

①隔日限时：即将两天（48 小时）的饲喂量集中在一天喂给，给料日将饲料均匀地撒在料槽中，停喂的那天，槽中不留料，也不放其他食物，但饮水要充分，尤其是热天不能断水，这种方法通常用于青年期肉用种鸡的限饲。

②每周限饲：即每周停喂一天或两天。每周停喂一天，可节省 5%的饲料。节省饲料的量，随日粮的能量浓度而定，日粮中代谢能水平愈高，节省饲料愈少。这种方法对蛋用青年鸡较适用。

（3）限质　就是使日粮中某种营养成分低于正常水平，造成日粮营养成分不平衡，如低能日粮、低蛋白质日粮、低赖氨酸日粮等，使鸡生长速度降低，性成熟延缓。通常把日粮中蛋白质含量降至 13%～14%，代谢能含量比雏鸡降低 10%以上，适当增加谷类和糠麸类饲料的含量，粗纤维含量可达 5%～7%。我国农村养鸡可采用此种方法。

限制饲养应保证群体生长均匀。投料时最好使所有的鸡同时采食，避免抢食不均等现象；随着气候变化，对给料指标应相应作调整。如遇疾病、接种疫苗、温度变化大等不利因素干扰时，应停止限制喂食，待这段时间过去之后再恢复限饲。

3. 限制饲养的注意事项

（1）注意整理鸡群　限饲前要对鸡进行一次全面整理，将体重过小或体质过弱的鸡及时挑出来，加以特殊护理，使其复壮，对病残鸡及时加以淘汰。

（2）对鸡群实行断喙　限饲期间鸡易形成恶癖，因此应对实施限饲的鸡群进行断喙，断喙一般在育雏期进行。断喙后可以有效地防止因限饲而发生的相互啄体现象，并可减少饲料浪费。

（3）应有足够的料槽　由于限饲，每次开食时鸡立即涌至饲槽，如采食空间窄小就会造成弱鸡采食太少，而对抢食凶猛的母鸡又达不到限饲的目的。足够的槽位，可防止鸡只采食不均，发育不整齐。除保证每只鸡应有 10～15 厘米宽的槽位外，还应留有占鸡数 1/10 左右的余位。

（4）注意控制光照　实施限制饲养，要与限制光照相结合，才能收到更好的效果。除自然光照外，在限饲时不能人工增加光照。以免性成熟提前，影响以后的高产和稳产。

（5）注意限制饮水　限饲时应适当限水，防止因饮水过量而腹泻。限水的量要根据气温情况而定。一般情况下，上午和下午各饮水 1 小时。高温天气时可适当增加饮水次数。

（6）注意适时称重　限饲后鸡群平均体重要求比正常饲喂的鸡群低 10%～20%，如果体重降至 30% 以上，就应恢复正常饲喂，促使体重增加，以免将来产蛋量减少，死亡率增高。限饲时鸡群在 16 周龄后要逐只检查称重，超重的鸡要减少饲喂量，偏轻鸡适当增加投料，保持鸡群体重均衡一致。

（7）注意总体效益　保证较高的育成率。不能因限饲而增加产品成本，如造成过多的死亡或降低产品的品质。

（8）特殊情况的处理　在限饲过程中，如遇接种、转群、断喙、高温、患病等逆境时，应暂停限饲，转为正常饲喂，待鸡体质恢复后再酌情限饲。

4. 其他管理　育成期除限饲和控制光照以外，在日常管理上还要做好许多细致的工作。喂料要均匀，防止有些鸡多吃，保证鸡群发育整齐；对病弱鸡单挑出护理；要经常通风，消毒，搞好清洁卫生；要做好疾病预防工作，及时进行疫苗接种；分别在60日龄和150日龄进行选择与淘汰。第一次将有生理缺陷的，如弱小、跛脚等类型淘汰；第二次应严格检查，将发育不良、体重过小的鸡淘汰掉。育成鸡饲养管理流程见图6-3。

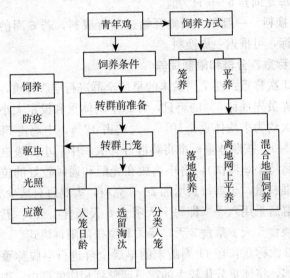

图6-3　乌骨鸡育成期饲养管理流程图

四、育成期的饲养管理要点

（一）育成期乌骨鸡的生理特点

7～20周龄为乌骨鸡的育成期或称后备期，此阶段的生理特点主要是骨骼和肌肉迅速发育，骨架大小基本定型；生殖系统开始逐渐发育，对光照变化逐步敏感。

（二）培育目标

1. 控制体重增长 将体重控制在标准体重±3％以内。

2. 提高体重均匀度 体重均匀度达到80％以上。

（三）管理要点

1. 转群 夏秋季在5周龄末转到育成舍，冬春季在6周龄末转到育成舍。转群前后3天添加多维和抗应激药物；认真检查饮水器乳头，防止出现缺水现象；转群后要将各笼的鸡数调均匀，以每笼饲养5～6只为宜。

2. 换料 一般在7周龄开始过渡育成料，若6周龄末体重不能达标，可推迟一周换料。

3. 称重、分群和限制饲养

第1次称重：在7周龄末的早晨全群进行空腹称重，在称重前由饲养员先抽称3％的鸡只，计算平均体重和设定大小鸡体重标准（大约为平均体重±10％，大鸡占12％，中鸡占58％，小鸡占30％）。按照体重标准将鸡群分为大、中、小三级进行分群饲养（将特小鸡淘汰），将小鸡放在光照和通风较好的位置，中鸡喂标准料量，小鸡每只增加2～3克料，大鸡每只减少2～3克料。分群后采用六一（即每7天喂食6天禁食1天）、五二（即每7天喂食5天、禁食2天）等柔和宽松的限饲模式。

第2次称重：在11周龄末的早晨全群进行空腹称重，进行群间调鸡，将体重分化较大的鸡只调整到相应的群内。中鸡喂标准料量，小鸡增加1～2克料，大鸡减少1～2克料。分群后可采用四三、隔日等严格的限饲模式，以提高鸡群的采食能力和抗应激能力，促进肠道发育，提高均匀度。

第3次称重：在15周龄末的早晨全群进行空腹称重，进行群内调鸡，将同一群内的大小鸡分开放置。大、中、小鸡都喂标准料量。分群后采用五二、六一等柔和宽松的限饲模式。

4. 喂料和匀料 要求做到称料喂鸡，准确投放每排笼的饲料量，每天的喂料时间相对固定，提前一天称好饲料，以缩短喂料时间，每次喂料时间控制在一个半小时内完成；采用循环喂料，即上一次从第一栏开始，则下一次从最末一栏开始；喂料的同时进行匀料，上午下班前匀一次料，下午上班时匀一次料。

5. 体重监控 每周龄末的早晨空腹抽测体重，每排笼各称3%~5%的鸡数，可定笼也可随机抽测，计算平均体重和体重均匀度，并参照标准做好下一周的喂料量计划。

6. 光照管理 逆季开产的鸡群（4~9月份进雏、9~2月份开产的鸡群）可采用自然光照，顺季开产的鸡群（10~3月份进雏、3~8月份开产的鸡群）最好采用恒定8小时/天光照制度为宜，采用人工加光的鸡舍，光照强度为5~10勒克斯；无遮光饲养条件的种鸡场应采用遮光网等措施，降低舍内光照强度，减少光照对鸡群的影响。

7. 修剪凤头和修喙 8周龄时修剪第一次凤头，开产前修剪第二次凤头，以免遮挡鸡只视线，影响采食与饮水，以后视情况进行修剪；将断喙质量差的鸡只重新修喙，要求在10周龄前完成。

8. 应激训练 乌骨鸡产蛋期容易受应激影响，因此在育成期要对鸡群进行适当的人为应激训练，以提高鸡群抗应激能力。

9. 保健用药 此阶段以抗应激和预防呼吸道疾病为主，对限饲、免疫、称重、分群、转群等可预见的应激因素，要提前使用抗应激药物缓解，主要添加维生素和电解质。每10天补充1次沙砾，每次每千只鸡5千克。

（张德祥　黄金梅）

第三节　乌骨鸡产蛋期的饲养管理

产蛋鸡一般为21~72周龄的鸡群，若产蛋鸡的产蛋性能很高，饲养管理条件好，产蛋期可延长到 76～78 周龄，甚至可达 80 周龄以上。

一、饲养方式

目前产蛋鸡的饲养方式也分为平养和笼养两种。平养是传统的饲养方式，笼养则是现代化的集约管理方式。

（一）平养

平养又分地面平养和网上平养两种方式，后者比前者先进，饲养密度可以适当增加，鸡与粪便不接触，有利于防病，无需使用垫料，但需要网板的投资。

（二）笼养

笼养即把鸡关在特定的鸡笼内饲养，这种方法能提高单位面积饲养量。笼养蛋鸡有利于防病和管理，单位鸡舍面积的饲养数量可以大幅度增加，节地、省工。笼养鸡限制其活动，可以节省饲料消耗。只是一次性投资较高。

鸡种和饲料营养水平相同的情况下，笼养的蛋鸡，除一次性投资较高外，占地少，产蛋率和产蛋量高得多，耗料少，饲料报酬高，成本较低，纯收入高。这就是笼养方式能普遍推广的主要原因。除此之外，笼养鸡管理方便，一个人可以管理 5 000～10 000 只鸡，劳动生产率大大提高。笼养鸡的死亡率、淘汰率较低，蛋壳较干净，破损率也较低。乌骨鸡阶梯式笼养种鸡见彩图 6-12 至彩图 6-14。

从各方面因素分析来看，笼养蛋鸡是最佳的饲养方式。虽然购买鸡笼的一次性投资较高，但收回投资的时间较短。况且这一次性投资，一般可使用 5～7 年，甚至更长时间。产蛋鸡笼的制作，有下列要求：

（1）使鸡有一定的活动空间，有足够的采食宽度。

（2）鸡笼底网有一定的弹性，以减少破蛋。

（3）底网有一定的倾斜角度（8°～10°），以使产下的蛋能自动滚出笼外，进入集蛋槽内。

（4）底条间隙，纵向条间距为 2.2～2.5 厘米，横向条间距为 5～6 厘米，这样才能使鸡爪稳固地踩在底网上，不会漏蛋，并能使蛋顺利滚出。

（5）笼条要耐腐蚀、强度好。

（6）笼的后侧和两侧的隔网间距以 3 厘米为好，要防止鸡头钻到另一笼内，发生互啄。

（三）饲养方式及饲养密度

不同的饲养方式具有不同的饲养密度，详见表 6 - 6 和表6 - 7。

表 6 - 6　不同平养方式的饲养密度

饲养方式	轻型鸡		中型鸡	
	米²/只	只/米²	米²/只	只/米²
厚垫料	0.16	6.2	0.19	5.4
60%网面＋40%垫料	0.14	7.2	0.16	6.2
网上平养	0.09	10.8	0.11	8.6

表 6 - 7　笼养鸡的饲养密度

品种	料槽宽度（厘米/只）	水槽宽度（厘米/只）	乳头饮水器（只/个）	需要的空间（米²/只）	饲养只数（只/米²）
轻型蛋鸡	8	5	4	0.038	26.3
中型蛋鸡	8	5	4	0.048 1	20.8

（四）产蛋鸡的饲养管理要点

1. 温度　温度主要影响鸡的采食量和饲料利用率。鸡的品种、品系及其所在地区的不同，对其温度的适应性也有所差异。蛋鸡适宜的温度为 5～27℃，产蛋期最佳温度为 20～26℃。

2. 湿度 在一般情况下，相对湿度对鸡的影响不大，但是在极端的情况下或与其他因素共同发生作用时，也可能对鸡群造成严重的危害。因此，不可忽视鸡舍内的相对湿度。适宜的相对湿度为 60%～70%。

3. 通风

（1）通风的目的 在于调节舍内温度，降低相对湿度，排除鸡舍中的有害气体，如氨气、二氧化碳和硫化氢等，使舍内保持空气清新，从而供给鸡群足够的氧气。其中氨气的浓度不超过 25 毫克/米^3，二氧化碳不超过 0.15%，硫化氢的浓度不超过 10 毫克/米^3。

（2）通风要领 进气与排气口设置合理，气流能均匀流过整个鸡舍而无贼风（即穿堂风）。

（3）通风量 鸡的体重越大、外界温度越高，需要的通风量就越大。

4. 光照 产蛋期的光照原则是光照时间只能逐渐延长，而不能缩短。

（1）密闭式鸡舍的光照管理 是在 8～9 小时光照的基础上每周增加 1 小时，直到 16 小时，60 周龄可以再增加 1 小时光照到 17 小时。产蛋期的光照最短不能少于 12 小时，最长不超过 17 小时。

（2）开放式鸡舍的光照管理 主要是利用自然光照加人工补充的原则，一般早晚各开灯一次。比较理想的补充方法是早晨补充光照，这样符合鸡的生理特点，且每天的产蛋时间可以提前，也有采用晚上补充光照的，效果也差不多。值得注意的是，不管采用哪种光照制度，一经确定就应该严格执行，不能随意改变。

光照的强度和颜色：光照的强度对鸡生长、性成熟和产蛋量的关系不大，但弱光可以防止啄癖的发生。产蛋期光照度为 3～4 瓦/米^2 即可，但强度要均匀。另外，红光对生殖系统的刺激作用最强，其次是白光，而蓝光对鸡的刺激起副作用，一般在生产中使用白炽灯或日光灯。

二、预产期的饲养管理要点

(一)预产期乌骨鸡的生理特点

生殖系统快速发育,卵巢、输卵管体积、质量迅速增加,耻骨开始变软,弹性增强,耻骨间距明显变大;内脏器官、肌肉组织快速发育,腹腔内沉积脂肪,骨髓腔内钙沉积速度加快,为产蛋高峰期做体能和钙储备。

(二)培育目标

(1)控制性成熟发育,提高性成熟均匀度。

(2)控制适宜的开产周龄和开产体重,达到体成熟和性成熟一致。

(三)管理要点

1. 转群 在15～16周龄将鸡群转至产蛋舍,转群时不能将原有的分群打乱,即大、中、小鸡仍要分开放置。最好在每一条笼分别放有大、中、小鸡,方便在群内进行性成熟调鸡。转群后应适当增加3～5克料量,维持3天。

2. 喂料量管理 进入预产期后要加大放料速度,每周加料3～4克,刺激鸡体卵巢与输卵管的发育,达到体成熟与性成熟的同步,保证周增重达到60克以上。

3. 体重监控 每周龄末早晨空腹抽称体重,每条笼各称3%～5%的鸡数,可定笼也可随机抽称,计算平均体重,作为制订料量和调控性成熟的参考。

4. 换料 根据鸡群的发育和体重情况,乌骨鸡一般在18～19周龄过渡预产料,过渡时间为5～7天。

5. 调控性成熟 在19～20周龄按照耻骨开张程度进行性成熟调鸡,将迟熟鸡只调整到鸡舍两边光照通风良好的位置,增加2～3克料量,并补充维生素和氨基酸,对不能确定早熟或迟熟的鸡只应按迟熟处理。

6. 光照管理　逆季鸡群从 19 周龄开始采用 13 小时光照，以后每周递增 15 分钟，开产前达到 14 小时光照。顺季鸡群从 19 周龄开始采用自然光照，到产蛋率达到 5％后增加人工光照达到 14 小时。

7. 公鸡上笼与训练　公鸡上笼时间安排在开产前 4～6 周，挑选外貌特征符合选种要求、精神状态良好、体重达标的个体上笼，上笼后要求单笼饲养。上笼后一周，进行公鸡尾毛的修剪，开产前两周开始进行采精训练，开产前训练 3～5 次。

8. 驱虫　开产前 4～6 周做一次驱虫工作。

9. 保健用药　此阶段受免疫、转料、调整鸡群的应激较大，需要补充抗应激的多种维生素；同时由于料量快速增加，容易出现消化不良，应在饲料中拌入一些帮助消化的中草药。

10. 早产鸡群的处理　早产鸡群可以采用产前限制措施，控制鸡群早产。

产前限制措施：鸡群平均产蛋率达到 3％～5％时，全群开始停止喂料，停料时间 5～7 天，视天气炎热情况，停水 1～2 天。停料当天早上空腹称重，并对称重样本做好记录，在停料第 5 天早上再次对上次标记的样本称重，以鸡群体重平均下降 13％～15％为停料结束时间。复料时按限饲前用料量的 20％、40％、60％、80％、100％分 5 天进行复料，逐步恢复到停料前的料量，再按照加料计划调整料量，在复料过程中应添加维生素。需要注意的是，产前限饲前一定要确保鸡群健康，在限饲前可使用一些预防呼吸道和肠道疾病的药物。在限饲的过程中，因鸡群处于饥饿状态下，血糖水平下降，体质较弱，抗应激能力差，所以应注意对环境的控制。

三、产蛋期的饲养管理要点

产蛋期管理的中心任务是为鸡群创造适宜的卫生环境条件，

充分发挥其遗传潜力，达到高产稳产的目的，同时降低鸡群的死淘率与蛋的破损率，尽可能地节约饲料，最大限度地提高产蛋鸡的经济效益。

（一）产蛋鸡的生理特点

（1）卵巢、输卵管在性成熟时急速发育。性成熟以前输卵管长仅 8～10 厘米，性成熟后输卵管发育迅速，在短时期变得又粗又长，长 50～60 厘米。卵巢在性成熟前，质量只有 7 克左右，到性成熟时迅速增长到 40 克左右。

（2）蛋壳在输卵管的峡部开始成形，其他部分在输卵管子宫部完成。蛋壳形成所用的钙，来源于饲料中的钙。饲料中的钙进入肠道被吸收后形成血钙；然后通过卵壳腺分泌，在夜间形成蛋壳。若饲料中含钙少，或钙磷比例不平衡，不能满足鸡的需要，就要动用骨骼中的钙而造成产蛋疲劳。因此，饲粮保证足量的钙和磷，以及钙磷比例平衡，对提高产蛋率和预防产蛋下降综合征有重要的意义。

（二）产蛋前期的体重控制

初产母鸡采食饲料的营养是否能够满足自身体重、产蛋和蛋重增长的需要，不能只看产蛋率增长的情况。因为初产母鸡，即使采食的营养不足，也会保持其旺盛的繁殖机能，使产蛋率不断增长。在这种情况下，初产母鸡会消耗自身的营养来维持产蛋，因此蛋重会变得比较小。所以，当营养不能满足需要时，首先表现在体重增长缓慢或停止增长，甚至下降。这样，母鸡就没有体力来维持长久的高产，随后产蛋率就会停止上升或开始下降。产蛋率一旦下降，即使采取补救措施也难以恢复到原来的水平。因此，应尽早关心鸡的蛋重与体重变化。

体重增长能够保持本品种所要求增长趋势的鸡群，就可能维持长久的高产。为此，在转入产蛋鸡舍后，仍应掌握鸡群体重的动态。具体办法是在鸡舍的不同位置选定至少 10 笼样本鸡（哨兵鸡），样本笼的鸡一旦确定就不得移动，每月测量样本鸡的体重，求出平均体重，对照每月体重增长量是否符合要求，然后及时调整每日给料量。

（三）产蛋前期的注意事项

1. 减少应激　蛋鸡在产蛋高峰期，生产强度大，生理负担重，抵抗力较差，对应激十分敏感。如有应激，鸡的产蛋量会急剧下降，死亡率上升，饲料消耗增加，并且产蛋量下降后，很难恢复到原有水平。因此，此阶段要注意避免以下几个方面的应激：保持鸡舍及周围环境的安静，饲养人员应穿固定工作服，闲杂人员不得进入鸡舍；堵塞鸡舍的鼠洞，定期在舍外投药饵以消灭老鼠；把门窗、通气孔用铁丝封住，防止黄鼠狼、猫、犬、鸟、鼠等进入鸡舍；严禁在鸡舍周围燃放烟花爆竹；饲料加工、装卸应远离鸡舍，这不仅可以防止噪声应激，而且还可以防止鸡群疾病的交叉感染。

2. 产蛋鸡产蛋期间的体重控制　产蛋鸡在产蛋期间，也应该通过控制给料量的方法，控制产蛋鸡在产蛋期间体重的增长，从而使体重保持理想的水平。因各地产蛋鸡饲料的营养水平有差异，因而产蛋鸡的给料量也不尽相同，切不可因盲目追求蛋个大而无节制地提高采食量。否则，将会使鸡群过肥而过早地出现脂肪肝，导致死淘率增加。

3. 管理要点

（1）春季　温度上升、光照加长，利于产蛋，但疾病因素较多，注意消毒和防疫。

（2）夏季　注意防暑降温、减少热应激、增加采食量，改善饲料品质。

（3）秋季　保证光照时间稳定。

（4）冬季　防寒保温，增加舍内温度和注意通风换气。

（四）产蛋后期的管理

当鸡群产蛋率由高峰降至 85% 以下时，就转入了产蛋后期的管理阶段。此时母鸡才 50～60 周龄，这时只产出了第一产蛋周期 60% 的蛋，还有 40% 仍未产出，此时鸡群还有很大价值，因此，还有必要加强产蛋后期的管理，力争全部得到未产出的 40% 的蛋。产蛋后期的管理应抓住以下几个要点：

1. 适当减料降消耗　一般在产蛋高峰过后 4～6 周，产蛋率下降 4%～6% 时，适当进行减料，以降低饲料消耗。这样既不影响产蛋，又可以减少饲料消耗，防止鸡体过肥，减少换羽和就巢母鸡的数量。如减料过程中产蛋量超过正常下降速度，则须立即恢复给料量，以免降低生产性能。

2. 分季节调整饲料营养　产蛋鸡日粮特别是产蛋后期日粮营养应根据季节的不同而变化。夏季气温高时，应适当减少能量饲料，增加蛋白质和钙质饲料，同时补充维生素 C；冬季气温低于 10℃ 时，则要适当增加能量饲料，而减少蛋白饲料，并适当增加采食量。

3. 适当增加饲料中钙和维生素 D_3 的含量　产蛋高峰过后，蛋壳品质往往逐渐变差，破损率增加。每周在饲料中额外添加一些贝壳砂或粗粒石灰石 1～2 次，同时添加维生素 D_3，可有效提高蛋壳的强度。

（五）产蛋期全程饲养管理要点

1. 生理特点　鸡群已经达到性成熟和体成熟，产蛋率和料量迅速增加，达到产蛋高峰，体重也在逐渐增长，要同时满足鸡只维持和生长、生产的营养需要。

2. 培育目标

（1）充分发挥该品种的产蛋性能，提高产蛋高峰水平。

（2）控制适宜的料量，维持产蛋率的稳定。

3. 管理要点

（1）换料　鸡群产蛋率达到 5% 时，开始逐渐转为产蛋料，转料过渡时间为 5～7 天。

（2）开产前分群　在开产前进行逐只翻肛，能翻出肛的放一栏，不能翻出肛的放一栏，在群内进行分类调整，逐步开产，给开产鸡只增加 2~3 克料量，维持 3 周左右；达到产蛋高峰后则对迟熟的鸡只增加 2~3 克料量，维持 3 周左右。

（3）料量管理　鸡群开产料量为预计最高峰料量的 80% 左右，为开产后加料留足空间；开产后每周增加 5~6 克料，在产蛋率达到 60%~70% 时，达到最高峰料量；最高峰料量维持 4~5 周后，开始降低料量，首次减料 2~3 克，以后每周降低 1~2 克料量，逐步达到维持料量（80 克左右），维持料量不能低于开产料量；夏季受高温影响，高峰料量偏低，则高峰料维持时间延长，应推迟减料时间。每周的实际用料要根据产蛋率、蛋重、体重、天气情况进行灵活调整。在整个产蛋高峰期，早熟鸡的料量应比全群平均料量多 3~5 克，以尽可能发挥早熟鸡的生产性能，同时可以防止早熟鸡因初产期限料过严、营养积蓄不足导致的早衰停产。

（4）喂料和匀料　每天按照订料单和实际存栏鸡数进行称料喂鸡，料量不能随意更改，如因天气原因，鸡群出现料量不足或过多时，应统一安排料量的调整。为了保证料槽饲料均匀，每天的匀料次数不少于 4 次。

（5）饮水　产蛋期间需保证充足的饮水供应，不能出现超过 2 小时以上的断水，特别是夏季。每次饮水加药后，及时恢复自动供水，饮水给药后要及时冲洗水管，防止饮水乳头堵塞，平时每周冲洗水管 1 次以上。

（6）体重监控　产蛋前 10 周，每两周抽称体重一次，要求平均周增重达到 20~30 克；以后每 4 周抽称一次，要求平均周增重达到 5~10 克。抽称比例为 1%~3%，早上空腹抽称，抽称样本要具有代表性，取每舍鸡笼前、笼中、笼后不同位置进行抽称，固定抽称位置。

（7）光照管理　开产后每周增加半小时光照至 16 小时/天，产蛋后期可加到 16.5 小时/天，每天的光照时间和开关灯时间都要稳定，不能随意变动。每天检查一次定时器、灯泡或光管，并及时处理出现的问题。

（8）人工授精　采用输精枪（即移液器加专用胶头）可减少输卵管炎症，减少产蛋期的药物使用。

（9）保健用药　开产后要预防腹泻及输卵管炎症，以中草药调理为主，产蛋期每月补充维生素 3～4 次。

四、乌骨鸡蛋的生产

（一）种蛋的生产

不是每一个种蛋都可以用来孵化，即使是优良种鸡群的蛋也是如此。种蛋的质量，是育种与经营成败的关键之一，对雏鸡的质量及成鸡的生产性能都有很大的影响。因此，必须对种蛋进行严格的选择。种蛋质量好，胚胎发育良好，生活力强，孵化率高，雏鸡质量好；反之，种蛋品质低劣，孵化率低，雏鸡生长发育不良，难以饲养。种蛋必须来自生产性能高而稳定、繁殖力强、无经蛋传播的疾病（如白痢、马立克氏病、支原体病等）、饲喂全价饲料和管理完善的种鸡群。

1. 配种方式　鸡的配种方法有两种，即自然交配和人工授精。

（1）自然交配　是过去传统的方法，目前不少种鸡场仍继续采用，特别是肉种鸡采用厚垫料全地面饲养或 2/3 棚架与 1/3 地面结合式饲养，都是采用自然交配。自然交配公母性别比，蛋用鸡为 1∶12～15，肉种鸡为 1∶8～10。自然交配的优点是省时省力；缺点是饲养公鸡多，耗料多，占地饲养面积大，种蛋受精率低，特别是肉种鸡在产蛋后期体重偏大，交配困难，种蛋受精率仅 70% 左右。

（2）人工授精　即人工采精、人工输精。该项配种方法是最先进、最有效、最实用的方法。公母比例一般在 1∶30～50。此法在蛋鸡饲养中已广泛应用。

2. 种蛋的选择　种蛋的选择，首先要考虑种蛋的来源，然后通过外观、听音、照蛋透视、剖视抽查等方法选择。具体选择方法如下：

（1）外观选择　要看种蛋的清洁度、蛋重、蛋形、蛋壳颜色等。入孵种蛋，表面不应有粪便、破蛋液等污染物；蛋重要适中，符合品种标准，过大则孵化率下降；过小则雏鸡体重小，蛋重相差悬殊将导致出雏不整齐。一般乌骨鸡种蛋以 35～40 克为宜；蛋形以椭圆形为最好，过长、过圆、腰凸、两头尖的蛋必须剔除；蛋壳颜色应符合本品种要求。另外，钢皮蛋、沙皮蛋、皱纹蛋等均应剔除，不能作种蛋用。

（2）听音　两手各拿 3 枚种蛋，放在手心转动五指，使蛋与蛋互相轻轻碰撞，听其声音，完整无损的蛋其声音清脆，破损蛋可听到破裂声，应该剔除。

（3）照蛋透视　用照蛋灯或专门照蛋器械，在灯光下观察蛋壳、气室、蛋黄、血斑、肉斑等项内容。破损蛋可见裂纹；沙皮蛋可见一点一点的亮点；看气室大小了解蛋的新鲜程度，并可观察气室位置是否正常，正常新鲜蛋的蛋黄颜色为暗红或暗黄，如发现蛋黄上浮、蛋黄呈灰白色、蛋黄沉散等现象，均应剔除；如发现蛋黄上或蛋白上面有白色点、黑点、暗红点，随着转动出现血肉斑，也应剔除。

（4）剖视抽检　此法多用于育种或外购的种蛋。将蛋打开倒入衬有黑纸或黑绒的玻璃板或平皿中，观察是否有血肉斑和新鲜程度。一般只用肉眼观察即可，在育种上则需用蛋白高度测定仪等专用仪器进行测量。新鲜蛋应是蛋白浓、蛋黄高度高，否则为陈蛋。

3. 提高种蛋质量的措施　饲养种鸡的唯一目的，是最大限度地取得高质量的种蛋，从而为生产优良健壮的雏鸡打下基础。

（1）种鸡疾病净化　父母代种鸡场，除了做好一般的卫生防疫工作外，还要坚持做好经种蛋垂直传播的鸡白痢、鸡支原体病两种疾病的净化工作。

①鸡白痢净化：采用全血平板凝集试验法检测，检疫次数取

决于种鸡群的感染情况。如果种鸡群感染率超过 0.5％，则每月检疫 1 次，直到阳性率降至 0.5％以下，转入正常检疫。正常检疫一般 18～20 周普检 1 次，检查出阳性鸡坚决淘汰。进入产蛋期，则以预防性投药为主，每 6 周投药 1 次，每次 4～5 天，交替选用土霉素、氟哌酸、喹乙醇、环丙沙星等药物。

②鸡支原体病净化：因检疫效果不理想，常采用药物控制和疫苗接种两种方法。采用药物控制分别在种鸡 1 周龄、4 周龄、9 周龄投敏感性药物 1 次，每次 3～5 天，常用药物有泰农、利高霉素、支原净、先得福星等。为避免产生抗药性，可交替选用上述药物。在种鸡 12 周龄、18 周龄分别注射 1 次败血支原体和滑膜支原体二联灭活苗。通过接种疫苗，能有效地阻止支原体病经蛋传播，提高种鸡产蛋率和种蛋合格率。

（2）种鸡群疫苗接种 雏鸡前期免疫器官未发育成熟，除马立克氏病外，过早接种疫苗不会产生良好的免疫应答，只能靠母源抗体保护。

①新城疫、传染性支气管炎免疫：除在种鸡育成期用活苗和灭活苗搞好防疫接种外，进入产蛋期，每 10 周用新城疫加传染性支气管炎二联苗喷雾免疫 1 次，使其产生良好的局部免疫，防止新城疫病毒、传染性支气管炎病毒经呼吸道侵入，确保种鸡生产出健康的合格种蛋。

②传染性法氏囊病免疫：7 日龄内的鸡雏感染了传染性法氏囊病病毒，虽不表现症状，但会产生严重的免疫抑制。所以，传染性法氏囊病病毒对无传染性法氏囊病母源抗体的雏鸡，将是一种巨大威胁。因此，除在种鸡育成期用活苗和灭活苗多次强化免疫外，在种鸡 42 周龄时，再用传染性法氏囊病疫苗注射接种 1 次，以使后期种蛋仍有良好的母源抗体。

③呼肠孤病免疫：在 7～9 日龄、42～56 日龄，每只种鸡分别皮下注射 0.2 毫升弱毒苗，作为基础免疫，18～20 周龄皮下或肌内注射 0.5 毫升灭活苗，即可使种鸡产生持久而较强的免疫

力，保护商品雏鸡免受呼肠孤病毒的感染。

（3）确保种蛋含有丰富营养　只有根据生产实际情况，使用全价饲料，才能既利于种鸡生产性能发挥，又能使种蛋内的各种营养成分满足胚胎发育及生长的需要。

进入产蛋高峰时，多维素用量提高 30%。疫苗接种前后 7天，每千克饲料中另加维生素 A 1 000 国际单位、维生素 C 0.1克、维生素 E 0.3 克和部分电解质，可降低应激，同时使种鸡产生最佳的免疫应答。

（4）种蛋管理

①产蛋箱管理（种鸡平养时）：鸡群入舍前准备好产蛋箱，每4 只鸡 1 个产蛋箱。母鸡开产前 4 周就开始寻找产蛋箱，产蛋前期只打开上层产蛋箱让母鸡适应，否则母鸡只喜欢选用接近底层的产蛋箱。集蛋完毕后，关上产蛋箱门，以防止鸡在产蛋箱内过夜，鸡粪污染种蛋。在产蛋箱内每周换 2 次干净垫料，并消毒，为母鸡建立一个舒适干净的产蛋环境，防止种蛋破损和污染。

②种蛋的保存：经过选择的种蛋，或从种鸡舍捡出的种蛋，如不马上入孵，就应该置于种蛋贮存室保存。种蛋的保存对种蛋的质量和孵化十分重要。如保存不当，会导致孵化率降低，甚至造成无法孵化的后果。保存种蛋应有专用的种蛋贮存室，并要求隔热性能好，清洁，防尘沙，杜绝蚊蝇老鼠，能防阳光直射和穿堂风，有条件的可备有空调机、排风扇等，以便调节贮存室的温湿度及通风。

a. 种蛋保存的适宜温度：最适宜的温度应为 13～18℃。保存时间短，可采用温度上限，保存时间长则应采用温度下限。由于鸡胚发育的临界温度为 23.9℃，因此，种蛋保存的环境温度一般要低于 20℃，最高不得超过 23.9℃。还应注意，刚产出的种蛋降到保存温度应是一个渐进的过程，因为胚胎对温度大幅度变化非常敏感，逐渐降温才不会损害胚胎的生活力。一般降温需要 1 天左右。

b. 种蛋保存的相对湿度：种蛋保存期间，蛋内水分通过气孔不断蒸发，其速度与贮存室内的相对湿度成反比。为了尽量减少蛋内水分蒸发，贮存室的相对湿度一般应为 $75\%\sim80\%$。

c. 种蛋保存期内的转蛋：保存期内应进行转蛋，目的是防止蛋黄与蛋壳膜粘连，以免胚胎早期死亡，保存时间在 1 周内可不必转蛋，超过 1 周时，每天转蛋 $1\sim2$ 次为好。

d. 种蛋保存的时间：种蛋的保存时间对孵化率有较大的影响，种蛋在适当的环境中（如有空调设备的种蛋贮存室）保存 2 周以内，孵化率下降幅度小；保存期在 2 周以上，孵化率下降较显著；保存 3 周以上，孵化率则急剧下降。因此，一般要求种蛋保存 1 周以内为宜，最多不要超过 2 周。如无适宜的保存条件，可视气候情况掌握，天气凉爽（早春、春季、初秋）时保存时间可相对长些，一般 10 天左右；严冬酷暑时保存时间应相对短些，一般在 5 天以内为宜。

e. 种蛋的放置：一般认为种蛋在保存期间应该小头向上竖放，这样对提高孵化率有利。

③种蛋的消毒：鸡蛋产出后，蛋壳上附着的许多微生物即迅速繁殖，细菌可通过气孔进入蛋内，这对孵化率和雏鸡质量都有不利的影响，尤其是鸡白痢、支原体病、鸡马立克氏病等，能通过蛋将疾病垂直传给后代，后果十分严重，所以必须对种蛋进行严格消毒。

a. 消毒时间：就理论上来说，种蛋消毒最好在鸡蛋刚产出后立即进行，但在生产实践中不可能做到，切实可行的办法是在每次收集种蛋后，立刻在鸡舍里的消毒室消毒或送孵化室消毒，最好不要等全部集中到一起再消毒，更不能将种蛋放在鸡舍里过夜。

由于消毒过的种蛋仍会被细菌重新污染，因此，种蛋入孵后，仍应在孵化机里进行第二次消毒。

b. 消毒方法：

福尔马林熏蒸消毒法：每次收集完种蛋，捡出脏蛋、破壳蛋、畸形蛋，立即在鸡舍消毒室消毒，每立方米容积用 42 毫升福尔马林加 21 克高锰酸钾，在温度 20～24℃，相对湿度 75%～80%的条件下，熏蒸 30 分钟。在孵化机里进行第二次消毒，一般用福尔马林 28 毫升加高锰酸钾 14 克熏蒸 30 分钟。如果只在入孵时进行一次消毒，一般每立方米用福尔马林 14 毫升加高锰酸钾 7 克，熏蒸 1 小时。在孵化机内消毒时应避开 24～96 小时胚龄的胚蛋。如种蛋从蛋库移出后，蛋壳上凝有水珠，应提高温度，待水珠蒸发后，再进行消毒，否则对胚胎不利。

新洁尔灭消毒法：以 1∶1 000（5%原液＋50 倍水）新洁尔灭溶液喷洒于蛋表面，或在 40～50℃的该溶液中浸泡 3 分钟，取出晾干后置于孵化机内进行孵化。

高锰酸钾消毒法：取高锰酸钾 10 克，加清洁水 50 升，在 40℃的该溶液中浸泡 2 分钟，取出晾干入孵。

紫外线照射消毒法：紫外线光源离种蛋 40 厘米，照射 1 分钟，背面再照射 1 次。

④种蛋的运输：种蛋一定要包装好，最好用特制的纸箱和蛋托。也可因陋就简，就地取材，如用纸箱、木盆、篾篓等，装蛋时尽量在蛋与蛋、层与层之间充填碎纸、木屑、谷壳等垫料，但这些垫料一定要干燥清洁。包装时应进行选蛋，剔除明显不合格的种蛋，尤其是破蛋，有条件的还可进行种蛋消毒。包装要牢固，并做到轻装轻放。包装箱外用绳子或包装带捆牢。并注明"种蛋""不要倒置""易碎""防雨""防震"等字样。

运蛋要求快速而平稳，最好是空运或船运，其次是火车运输。运输中要防止强烈震动，减少颠簸。运输种蛋还要考虑季节，夏季要防日晒、高温，冬季要防冻裂和注意保温。

运输种蛋到达目的地后，应尽快开箱检出破损蛋，被破蛋液污染的种蛋要用软布擦拭干净，然后装盘、消毒、入孵。

（二）商品蛋的生产

1. 高产蛋鸡的选择　采用"翻肛法"选择高产蛋鸡，准确率达到95％以上。其操作技术介绍如下：

（1）保定　操作者将鸡拿到手后，将鸡头部对着操作者，鸡的尾部朝后。操作者弯腰并用两小腿轻轻夹住鸡的胸部进行保定。

（2）翻肛　鸡保定好后，操作者用左手提压鸡的尾部，同时加以固定。在暴露出肛门的同时，右手顺泄殖腔下缘稍用力挤压鸡的腹部，肛门即可外翻。肛门外翻容易，泄殖腔暴露完全且泄殖腔大、湿润、松弛者为高产鸡。反之，则为低产鸡。

（3）隔离观察　将挑出的约占群体5％的低产鸡分成若干小群，每小群10只左右，指派专人隔离饲养，观察4～5天，再挑出占群体1％～2％的较高产蛋鸡，其余低产蛋鸡淘汰处理。

（4）肛门触摸　通过上述两种方法仍不能准确判断的鸡，可在早晨饲喂前再进行肛门触摸，有蛋者挑出留下，其余低产鸡全部淘汰。

（5）注意事项　进行翻肛时，操作者动作一定要轻缓，防止因应激反应造成产蛋量下降。其次是翻肛时间一定要在下午3：00—5：00鸡产蛋结束后进行。

2. 产蛋鸡的管理

（1）早晨补充光照　蛋鸡在产蛋期每日的光照必须保持在15～16小时，因地域或季节的不同，自然光照有时达不到这一要求，所以要采用人工补充光照。以往补充光照习惯在晚上进行，但实际工作中，晚上是用电高峰，光照强度不够而且经常停电，这样不仅达不到补光的目的，还使当日最后一次喂料不能正常进行。采用早晨补光的办法会起到较好的效果。补光时间从早晨3：00开始至下午7：00结束。也可根据具体情况或停电规律做适当调整。

补光办法：将鸡舍灯泡的开关和供水总开关设在卧室内。晚上7：00前在料槽内加好饲料，将各水槽供水流速调整好，到卧室内把水、电总开关关闭，早晨3：00将水、电开关打开，饲养员可继续休息至6：00以后再去鸡舍工作。

（2）补钙　产蛋鸡每天食钙量的56％左右用于形成蛋壳，

如果食钙量不足就会动用骨骼中的钙，长期下去不但会降低产蛋率，还会导致骨折、瘫痪、产软壳蛋或破损蛋等。因此，产蛋鸡及时补钙非常必要。

鸡群的产蛋率分别为 60%、80%、80%~90% 和 90% 以上时，日粮中钙的含量应分别不低于 3.3%、3.5%、3.6% 和 3.8%，若产蛋率为 95% 以上时，日粮含钙率应为 3.9%~4.0%。饲料中含钙量也不能过高，太高会使鸡食欲下降，严重的还会引起中毒或痛风等疾病。蛋壳形成主要在下午和晚上，这段时间摄入的钙可直接用于形成蛋壳，而在其他时间摄入的钙大多沉积在骨骼中，当需要时再形成蛋壳。同时在蛋壳形成期间鸡对钙的吸收率最高。因此，补钙最好在下午和晚上进行。如果饲料中含钙量不足，可在下午和晚上将所需的颗粒状贝壳放在料槽内，鸡可根据自身的需要自由采食。

注意事项：

①饲料中的钙与有效磷的比例不当，会影响蛋壳的弹性和脆性。因此，在产蛋高峰期饲料中钙与有效磷的比例应保持在 8~10：1。饲料中适当添加维生素 A、维生素 D_3，可促进机体对钙的吸收和保持体内钙的平衡。

②补钙所用的钙源以动物性钙源（如牡蛎壳或贝壳）和蛋壳粉等为主，最有利于机体的吸收和利用，其次是植物性和矿物性钙源。人们习惯使用价格最低的石粉作为钙源。我国北方大部分地区属于高氟区，使用石粉要进行检测，当含氟量高于国家规定标准（0.2 克/千克）时，要禁止使用，否则易造成氟中毒。

(3) 细粉料的处理　蛋鸡喜欢采食颗粒状饲料，这样每天在料槽内都会剩下少量的细粉料。细粉料中含有较多的维生素和微量元素添加剂等，长期不被采食，不但会造成鸡的营养不良，鸡的唾液及水槽溢出的水还会使之板结、发霉变质。以往大多采用净槽的方法促使鸡采食细粉料，但实际工作中不好掌握。若净槽时间过短，则达不到目的，而且蛋鸡一般都进行了断喙，上下喙长短不一，细粉料不能被采食干净；若净槽时间过长，可能会发生啄食鸡蛋现象，以及造成营养缺乏而影响产蛋率。我们采用的方法是每隔 2～3 天，将细粉料清扫出来，拌入少量的水搅成团粒状，撒在槽内新的饲料上面，蛋鸡会争抢这些含水的团状细粉料。

3. 提高产蛋量的技术措施 蛋鸡产蛋量直接影响饲养者的经济效益，为了使鸡在产蛋阶段获得较高的产蛋量，除了搞好育雏、育成期的饲养管理外，还应做好季节变化的管理。

（1）夏季 由于环境条件的变化，蛋鸡容易生病，对产蛋率影响很大。产蛋鸡适宜温度是 20～30℃。为了保证夏季蛋鸡稳产、高产，营养管理上必须采取必要的饲养管理措施。

①做好防暑降温工作：在鸡舍的周围种植树木，种植丝瓜等藤蔓作物遮阳，可减少太阳辐射热 50%～60%，还可吸收二氧化碳，减少尘埃，净化舍内外空气。25℃以上时，要及时打开窗户，安装通气纱窗。高于 30℃时，在离鸡舍较近的活动场地上搭一凉棚遮阴，凉棚大小与鸡舍相仿，但应高出鸡舍 60 厘米左右。安置排风扇等降温设备。在炎热三伏天可选用高压式低雾量喷雾器向鸡体直接喷水。蛋鸡特别怕热，入夏后，应根据气温的上升情况，及时降低鸡群的饲养密度。一般每平方米饲养 5 只为宜，笼养不超过 10 只/米^2。

②供应充足新鲜清洁饮水：供应充足优质的凉水是保证产蛋所必需的。在炎热气候下，鸡的饮水量是正常采食量的 2 倍多。饮水器应放在阴凉处，并且要经常换水，最好能让产蛋鸡饮到刚抽上来的井水，以降低蛋鸡体内的温度。

③科学饲喂：夏季日照时间长，应增加饲喂次数，最好间隔 3～4 小时喂 1 次，早晚多喂，中午少喂。一天中的采食高峰期在早晨天亮后的 1 小时和黄昏时。要抓住早晚凉爽的特点给鸡供料，维持和增加鸡的采食量。在早晨和晚上熄灯前各加喂 1 次。

④增加日粮营养水平：在调整日粮时可考虑用脂肪代替部分碳水化合物，在满足所有必需氨基酸的前提下，使蛋白质水平尽

可能处于最低限。通过添加动植物油脂来提高日粮能量水平，并提供优质蛋白质饲料，特别注意蛋氨酸和含硫氨基酸的供给。夏季蛋鸡的饲料中要降低玉米的比例，玉米控制在 47% 以内。可在饲料中增加 3%～4% 的豆饼，1%～2% 的麸皮。由于采食量下降，为使钙达到所需水平，可在下午单独给蛋鸡提供可溶性钙质，如贝壳粉、石粉等，一般钙补充量为日粮的 1.0%～1.3%。中午炎热时加喂一些新鲜干净的西瓜皮、苦荬菜和南瓜等，每只鸡 40 克左右。

⑤减少操作应激：防止饲料突变，更换饲料应循序渐进，尽量保持饲料稳定，不使用霉变饲料。固定工作程序，开灯、喂料、饮水、清粪、刷洗、消毒按时进行。确保鸡群安静，打扫卫生、捡蛋、喂料、喂水等动作要轻，避免噪声干扰，减少鸡的运动量，防止惊群。

⑥搞好防疫工作：夏季蚊蝇滋生，容易传播疾病。因此，要认真搞好鸡舍的消毒防疫工作。鸡舍内每天要打扫 1 次，并且要勤换垫料，料槽要经常清洗，在阳光下暴晒、消毒。每隔半个月左右用 2% 的烧碱水喷雾消毒 1 次。夏季也可以在饲料中加入少量捣烂的大蒜，每隔 3～5 天喂 1 次，具有一定的防疫效果。同时，夏季要坚持带鸡喷雾消毒，选取无毒副作用的消毒剂。在炎热的天气可在上、下午各喷 1 次。同时，要搞好灭蝇、灭蚊、灭虫工作。及时淘汰病鸡，以防疫病传播蔓延。

⑦补充抗应激添加剂：在蛋鸡日粮中加入抗热应激添加剂，能提高机体的防疫能力和抵抗力，有助于产蛋量的维持和提高。添加剂包括：维生素 C，若在日粮中补充维生素 C（每千克日粮 50～100 毫克），可提高鸡的产蛋率，还可降低破蛋比例和料蛋比；氯化钾，热应激时鸡出现低血钾，日粮中的钾含量必须由 0.4% 提高到 0.6%，有条件的地区可在日粮中加入蔗糖进行补钾；碳酸氢钠，热应激时必须加以补充，碳酸氢钠的添加量为日粮的 0.2%～0.5%，以增强抗应激能力，维持体液的酸碱平衡；维生素 E，应加倍补充，以增强抗应激能力。

（2）冬季　我国大部分地区气温较低，日照时数较短，通风与保温存在矛盾，如果饲养管理跟不上，极易导致产蛋量下降。要想在冬季使产蛋鸡稳产高产，可采取以下措施：

①注意保持适宜的温度范围：生产实践表明，13～23℃是鸡产蛋的最适宜温度范围，温度过高或过低都会影响鸡的产蛋率和蛋壳质量。冬季天气寒冷，气温较低，特别是北方，夜间室外温度大都在0℃以下，因此要做好冬季鸡舍的防寒保暖工作，采取措施提高鸡舍温度。要封堵好鸡舍北面的门窗，以防贼风侵入。可用玻璃、塑料薄膜封堵南面的门窗，以利于保暖和采光。

②调整饲料配方：进入冬季，如不调整饲料配方，易引起产蛋量下降，或造成饲料浪费。要适时调整饲粮营养成分，以适应因温度降低而引起鸡体所需营养的变化。适当增加能量饲料降低蛋白含量，可增加玉米的比例或添加一定比例的油脂；另外，要供应充足的维生素、矿物质元素，供应优质钙源，保证蛋鸡产蛋的稳定性。

③尽可能供应充足的温水：水是蛋鸡生存不可缺少的条件，如果饮水不足，就会降低饲料报酬，导致产蛋量下降。冬天要坚持饮温水，以利于保持鸡体的体温，有利于产蛋率保持稳定。

④保证足够的光照时间：蛋鸡正常产蛋每天需要 14～16 小时的光照，冬季的自然光照往往不能满足需要，如果单靠自然光照就会造成产蛋量不高。因此，冬季应进行人工补充光照。补充光照灯泡 60 瓦以内，光照强度 20 勒克斯为宜，灯距地面 2 米左右，灯距 3 米，使鸡舍内各处光照均匀。

⑤保证舍内通风换气良好：通风换气可起到排污、调节舍内温湿度的作用，特别是在大规模集约化养鸡场，通风换气对鸡产蛋潜力的挖掘起着很重要的作用。根据具体情况可进行自然通风和机械通风。冬天气候多变，气温较低，母鸡的产蛋率容易忽高忽低，在保温的前提下，要把鸡舍的空气调节好，可在温度较高的上午11：00至下午 2：00 进行通风，注意通风口要错开，以防穿堂风。

⑥加强蛋鸡场的疫病防治：冬季是多种传染病的多发季节，

产蛋鸡一旦发病，产蛋率会大大降低。因此要结合当地疫病的流行情况，制订合理适用的免疫程序。蛋鸡场一般进行新城疫、传染性支气管炎、产蛋下降综合征和禽流感的免疫。执行免疫程序时，要注意疫苗的选择、保存和接种方式。控制人员流动是减少疫病传播的重要途径。粪便和病死鸡是传播疫病的不良因子，死鸡应做到深埋或无害化处理，靠近鸡舍的地方决不要堆放鸡粪。做好日常卫生和定期消毒工作，注意保持舍内和环境的清洁卫生，经常洗刷水槽、料槽和饲喂工具并定期消毒，防止疫病的发生。尤其是清粪后一定要彻底清洗，认真消毒。带鸡消毒是生产中常用的防止传染病发生的有效方法。

4. 商品蛋上市前需做的必要工作

（1）建立完善的质量保证体系和相关认证　由于我国的蛋鸡产业目前仍处于发展初期。鱼目混珠现象严重，用普通鸡蛋冒充绿色鸡蛋、有机鸡蛋。因此企业通过一些必要的质量保证体系和相关认证，可以在一定程度上提升消费者对品牌的信任，扩大市场份额。如 HACCP 国际食品安全管理体系、ISO9001 国际标准质量体系、ISO14001 环境管理体系，以及中国绿色食品发展中心的绿色食品认证都会在一定程度上强化消费者对品牌的认知。

（2）依据国际常用标准，对蛋品进行分级销售　目前我国对蛋品还没有很好的分级标准。但我们可以参照一些国际常用分级标准，对产品进行分级，以提高产品附加值。比如可以严格遵守国际分级标准，为消费者提供国际水平的优质蛋品，将鸡蛋按重量分为 XXL、XL、L、M 号，满足不同消费者的不同偏好。

注重环境保护和社会责任，从环保中受益。注重环保已经成为我国的一项基本国策，因此更需要我们从立项开始就充分关注环保。自项目规划初期就将环境问题纳入综合考虑范畴，尽可能解决项目中存在的污染问题，通过采用干清粪工艺代替畜牧场常用的水冲粪工艺，避免大量废水的产生。利用鸡粪和污水生产沼气并发电，从而实现固态和液态废弃物的零排放。

　　蛋鸡场的建设，不可能离开与周边群众的交流。要注重社会责任，让周边群众也从企业发展中受益。除了为村民提供就业机会外，还要利用沼气发电工程为周边提供清洁能源，沼液和沼渣作为有机肥用于周边农田，帮助附近发展有机蔬菜和水果生产，帮助农户发展绿色玉米种植并回收绿色玉米作为饲料原料，从而实现一条集生态养殖—食品加工—清洁能源—有机肥料—有机种植—订单农业—生态养殖于一体的循环经济体系。

　　（3）适度发展动物福利　动物福利条件的改善，可以提升产品质量和品牌档次，因此有必要在适度的前提下尽量予以改善。

　　总之，变革我国目前小规模、大群体的饲养模式，转变产品与市场营销观念，走蛋鸡生产标准化、规模化、生态化之路是我国蛋鸡行业发展的必然趋势。乌骨鸡种蛋和商品蛋生产流程见图6-4。

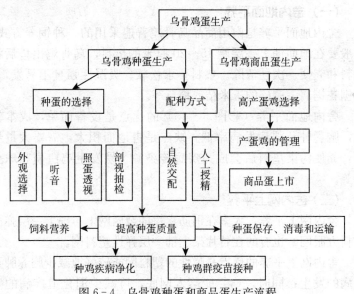

图6-4　乌骨鸡种蛋和商品蛋生产流程

（霍俊宏）

第四节 肉用商品乌骨鸡的饲养管理

肉用商品乌骨鸡的上市日龄，因乌骨鸡的品种和市场对其上市体重要求不同而有所差异，大多数乌骨鸡地方品种在 90 日龄以后上市，而培育品种大多在 60～80 日龄上市。

一、饲养方式

目前，肉用商品乌骨鸡的饲养方式主要有平养和笼养，其中平养又分为舍内地面平养、舍内网上平养和大棚散养。我国肉用商品乌骨鸡的饲养大多采用舍内地面平养，在我国南方丘陵地区有不少农户采用大棚散养的方式。

（一）舍内地面平养

舍内地面平养是肉用商品乌骨鸡普遍采用的一种饲养方式，一般要在地面铺上一层厚 15～20 厘米的垫料，乌骨鸡出售后将垫料和粪便一次性清除。垫料要求松软、吸湿性强且不易发霉，如刨花锯屑、铡碎的玉米秸或稻草等。

舍内地面平养（彩图 6 - 15）的优点是设备简单，成本较低，胸囊肿及腿病发病率低。缺点是占地面积大，需要大量垫料，粪便污染垫料后会成为疾病传染源，易发生鸡白痢和球虫病等。

（二）舍内网上平养

舍内网上平养，大多在钢筋支撑的金属网上再铺上一层弹性塑料方眼网，也有的在竹片架上铺一层弹性塑料网。

舍内网上平养的优点是弹性的塑料网能较好地减少胸囊肿及腿病的发生；同时，鸡粪能落入网底，可减少消化道疾病的发生，特别对防治球虫病有显著效果；所以，舍内网上平养的商品乌骨鸡成活率高、增重快。缺点是占地面积大，需要较多钢筋和金属网，投资较大。

（三）大棚散养

大棚散养是以简易的塑料大棚做鸡舍，白天将鸡只放养在舍周边的一种商品鸡饲养方式（彩图 6-16 至彩图 6-20）。这种鸡舍以钢管或毛竹为骨架，覆以单层或双层超强型塑料薄膜，有的双层夹膜中填以稻草之类的软性秸秆，以增强防寒防暑效果。大棚应建在背风一侧的山腰上，周围的活动场要有一定坡度，以保证鸡活动场所不积水。这类鸡舍建筑工期极短，而且造价也较低，尤为适合在南方丘陵地区饲养商品肉鸡。

（四）笼养

笼养主要为一些养鸡场采用，主要采用重叠式和阶梯式两种鸡笼，大多为 3 层或 4 层。笼养的优点是饲养密度大，饲料转化率高，便于收集鸡粪，能保持舍内清洁卫生；同时，鸡粪能落入笼下，减少了消化道疾病，尤其是球虫病的发生率。笼养的缺点是设备成本高，胸囊肿和腿病的发生率高。

二、饲养条件

（一）温度

一般情况下，乌骨鸡饲养所需的适宜温度：1~7 日龄 35~33℃，从 8 日龄起，每周下降 2℃，一般在 42~56 日龄脱温。但在炎热的夏季，28 日龄后即可脱温，寒冷季节应到 60~80 日龄脱温。温度过高时，雏鸡消耗体内水分，饮水量增加，采食量下降，发育不良。温度过低时，雏鸡易受凉，引起感冒、支气管炎和白痢等。具体掌握温度时，还要根据气温变化情况灵活运用，一般夜间、阴凉天要比正常白天高 1~2℃。此外，温度是否适宜，还需观察雏乌骨鸡的行为情况，温度适宜时，鸡只表现活泼，分布均匀；温度过低时，会拥挤成堆；温度过高时，会距热源较远。另外，变温幅度不宜过大，保温期间温度尽量保持稳定，不可忽高忽低。

（二）湿度

室内空气过于潮湿或干燥都不利于雏鸡生长。一般以相对湿度 60％为宜。鸡舍湿度太低可能造成尘埃过多，而空气中含尘量过高可能会导致气囊病变。在生产实践中，防止鸡舍内湿度过高的方法有：①鸡舍建在干燥的地方，坐北朝南。②鸡舍的跨度不宜过大。③加强通风换气，使水蒸气排出舍外。④尽量避免饮水器漏水，及时清除粪便，减少水分蒸发。⑤使用刨花、锯末、垫草等吸湿性能好的垫料。

（三）密度

密度指鸡舍内每平方米面积容纳的鸡只数量。在肉鸡整个饲养过程中，应根据实际情况，适当调整饲养密度和料位、水位长度，以适应肉鸡的正常生长发育。密度过大，鸡只活动范围小，鸡群拥挤，采食不均匀，使乌骨鸡发育不整齐，强弱不均，易感染疾病和形成恶癖，增加死亡率。因此，要根据鸡舍构造、通风和管理条件及饲养季节等情况安排合适的饲养密度。由于乌骨鸡个体较小，饲养密度比个体大的鸡种可适当大些。以平养丝羽乌骨鸡为例，每平方米饲养的适宜密度如表 6-8 所示。

表6-8 肉用商品乌骨鸡各阶段的饲养密度与料槽、水槽长度

日龄	小鸡阶段 （1～28 日龄）	中鸡阶段 （29～60 日龄）	大鸡阶段 （60 日龄以上）
饲养密度（只/米²）	40	15	12
料槽长度（只/米）	40	25	15
水槽长度（只/米）	150	100	65

（四）通风

肉用商品乌骨鸡生长发育迅速，代谢旺盛，呼吸快，体温高，呼吸排出大量的二氧化碳，粪便及污染的垫料均会散发出有害气体，造成舍内空气污浊。因此，商品鸡舍应注意经常通风换

气，保证鸡舍的空气清新；否则，轻则影响雏鸡的生长发育，重则引起中毒死亡；如果饲养密度过大，问题会更多更严重。在饲养前期，通风量可小些，中后期逐渐加大；冬季小些，夏季大些。在通风前可适当提高室温 1～2℃，然后逐渐打开门窗，但要防止冷空气直入。另外，通风换气应在乌骨鸡采食或自由活动时进行，不要在雏鸡睡眠或安静休息时进行，以防感冒。

（五）光照

光照对乌骨鸡的采食、饮水、运动及健康都很重要，因为光照可促进鸡只采食和饮水，提高乌骨鸡的生活力，又有利于保温和舍内干燥，还可增加体内的维生素 D 含量水平，促进钙磷平衡。因此，从幼雏开始就应给予合理的光照。1 周龄内可采用 24 小时光照，2 周龄采用 22～20 小时光照，3 周龄采用 18～16 小时光照，4 周龄后实行自然光照。

（六）喂料

当雏鸡出壳后 20 小时左右时，约有 20% 的雏鸡有觅食动态，此时即可开始喂食。开始时投入料不宜太多，放料后用手击打喂料托（可用塑料布或硬质纸），引雏鸡采食。采用勤添少喂法，通常 10 日龄内，每日喂 6～8 次，以后每日喂 4～6 次。1～5 日龄可用洗净、消毒后的塑料布（不宜用红色）喂料，6 日龄后开始逐渐过渡到食槽喂料，每次添加饲料只占槽深的 1/3～1/2，以防浪费。

（七）饮水

饮水总的要求是：不限量，不间断，清洁卫生。

进雏鸡后，每 1 000 只 1 日龄雏鸡应该有 15 个 4 升的饮水器，内注足够新鲜且清洁的水，把饮水器适当放置在靠近热源的地方，并在饮水器下垫木板，以防垫料落入水中。饮水器在换水时应洗刷干净，以保持饮水清洁卫生。7 日龄后，逐渐把饮水器移向自动饮水器旁。10 日龄后，饮水器应逐渐地每天撤除几个，使雏鸡逐渐适应自动饮水器。自动饮水器一般应保持在鸡背和眼之间的高度，这样有利于垫料管理和防止耗料太多。鸡的饮水量与温度有关，一般为喂料量的 2～3 倍。

三、保障肉用商品乌骨鸡质量的技术措施

（一）消毒

在进雏鸡前两周，必须对舍内及相关用具进行清洗和消毒。首先将舍内能移动的器具搬到舍外进行刷洗，再用消毒液消毒及晾干；废弃物在喷洒消毒药后运出。清扫地面后用高压水枪冲洗室内，冲刷的原则是"先内后外，先上后下"，尤其要仔细冲洗各接缝处；冲洗后用消毒液将墙壁喷洒一遍。对于可密闭的鸡舍，如采用熏蒸消毒，效果更好；熏蒸前可将所需器具洗刷干净后放入舍内，按每立方米空间福尔马林 40 毫升、高锰酸钾 20 克的用量，先将高锰酸钾先放入瓷盆中，然后迅速倒入量好的福尔马林，密闭鸡舍 1～3 天后，打开门窗通风 1 天。经消毒的鸡舍严禁未经消毒的物品进入，工作人员进入时也要消毒、更衣。

（二）预防应激

乌鸡特别胆小易惊，遇到意外的声响、颜色、异物等均能引起惊恐，必须特别注意，以免带来惊群甚至压死鸡等不良后果。

（三）补饲砂砾

因为鸡没有牙齿，补喂砂砾可以增强肌胃的消化功能，而且还可以避免肌胃逐渐缩小。可以将补喂的砂砾投入料中，也可以装在吊桶里供鸡群自由采食；通常一周后补喂砂砾以自由采食为主。

（四）断喙

断喙就是借助断喙器或断喙钳切去鸡喙的一部分。在育雏过程中，由于饲养密度过大、光照太强、通气不良、饲料配合不当等因素，都会使鸡群发生啄癖。断喙能使鸡喙失去啄破能力又不

影响其采食，还能减少饲料浪费，节约5%左右的饲料，并能有效防止啄癖的发生。断喙时可用断喙器、断喙钳，借助于灼热的刀片进行切除，并烧灼组织，防止流血。一般情况下乌骨鸡要进行两次断喙，第一次断喙在10日龄前后，第二次断喙在7～8周龄或10～12周龄前后做补充修剪；商品乌骨鸡也可断喙一次（在10日龄左右）。

断喙的操作方法：左手抓住鸡腿，右手拿鸡，将右手拇指放在鸡头上，食指放在咽下，稍施压力，以使鸡缩舌，选择合适的孔径，在离鼻孔2毫米处切断，上喙断去1/2，下喙断去1/3。7～10日龄断喙可采用直切；6周后断喙可将上喙斜切，下喙直切。切刀要在喙切面四周滚动以压平切面边缘，还可阻止喙外缘重新生长。

（谢明贵）

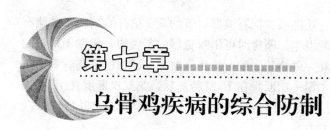

第七章
乌骨鸡疾病的综合防制

　　疾病特别是传染病的有效防制是乌骨鸡生产得以正常进行的基本保证。必须认真做好鸡病防制和卫生防疫工作，只有这样，才能保证乌骨鸡生产安全、顺利地进行。

第一节　鸡场的兽医生物安全

　　兽医生物安全是指采取必要的措施，最大限度地减少各种物理、化学和生物性致病因子对动物群造成危害的一种动物生产体系。其总体目标是防止病原微生物以任何方式侵袭动物，保持动物处于最佳的生产状态，以获得最大的经济效益。

一、疾病综合防制的原则

　　（1）树立强烈的防疫意识。
　　（2）坚持预防为主和养重于防的原则。
　　（3）坚持综合防控。建立安全的隔离条件，防止外界病原传入场内；防止各种传染媒介与鸡体接触或造成危害；减少敏感鸡，消灭可能存在于场内的病原；保持鸡体的抗病能力；保持鸡群的健康。
　　（4）坚持以法防疫。控制和消灭动物传染病的工作，不仅关系到畜禽生产的经济效益，而且关系到国家的信誉和人民的健康，必须认真贯彻执行国家制定的法规，坚持做到以法防疫。

（5）坚持科学防疫。制订适合本地区或养殖场的疫病防制计划或措施。

二、鸡场建设

通过良好的建筑及设施配备，防止病原微生物进入动物养殖场是生物安全的重要组成部分。将动物限制饲养于一个安全可控的空间内，并在其周围设立围栏或隔离墙，防止其他动物和人员进入，减少传染病传入的机会。涉及的内容包括场址选择、划分功能区、房舍建筑和周围环境的控制等。

（一）鸡场规划

尽可能按照"全进全出"制的要求进行整体规划和设计。全进全出是指一个家禽场只养一批同日龄（或日龄相差不超过1周）的家禽，场内的家禽同一日期进场，饲养期满后，全群一起出场。空场后进行场内房舍、设备、用具等彻底的清扫、冲洗、消毒，空闲两周以上，然后进另一批家禽。因而采取的技术方案单一，管理简便，在禽舍清洗、消毒期间，还可以全面维修设备，进行比较彻底的灭蝇、灭鼠等卫生工作。

（二）场址选择

设在城市远郊区，离市区最少15千米，与附近的居民点、旅游点、化工厂、畜产品加工厂、屠宰场等要有相当的距离，使之有一个安全的生物环境。同时应位于居民区的下风处，地势尽量低于居民区，以防止养殖场对周围环境的污染。

（三）场区布局

按照生产环节合理划分三个不同的功能区，即管理区、生产区和疫病处理区。

1. 管理区 主要进行经营管理，同时职工生活、车库等也设在管理区。

2. 生产区 是养殖场的核心，其内部不同类型、不同日龄段的鸡分开隔离饲养，相邻鸡舍间应有足够的安全距离。场区内要求道路直而线路短，运送饲料、动物及其产品的道路不能与除粪道通用或交叉。贮粪场或粪尿处理场应设置在与饲料调制间相反的一侧。

3. 患病动物处理区 设在全场下风向和地势最低处，并与生产区保持一定的卫生间距，处理病死动物焚烧炉应严密防护和隔离，以防止病原体的扩散和传播。

三、强化鸡群的饲养管理

（一）影响因素

影响疾病发生和流行的饲养管理因素主要包括饲料营养、饮水质量、饲养密度、通风换气、防暑或保温、粪便和污物处理、环境卫生和消毒、动物圈舍管理、生产管理制度、技术操作规程，以及患病动物隔离、检疫等。

（二）控制人员和物品的流动

工作人员不能在生产区内各鸡舍间随意走动。非生产区人员未经批准不得进入生产区。直接接触生产鸡群的工作人员，应尽可能远离外界同种动物，家里不得饲养家禽，不得从场外购买活禽和鲜蛋等产品。

物品流动的控制包括对进出鸡场物品及场内物品流动方式的控制。鸡场内物品流动的方向应该是从最小日龄的鸡流向较大日龄的鸡，从养殖区转向粪污处理区。

（三）规范化的饲养管理

规范化的饲养管理是提高养殖业经济效益和兽医综合性防疫水平的重要手段。在饲养管理制度健全的鸡场中，家禽生长发育良好，抗病能力强，人工免疫的应答能力高，外界病原体侵入的机会少，因而疫病的发病率及其造成的损失相对较小。

各种应激因素，如饲喂不按时、饮水不足、过冷、过热、通风不良导致有害气体浓度升高、免疫接种、噪声、挫伤、疾病等因素长期持续作用或累积相加，达到或超过了动物能够承受的临界点时，就将导致机体的免疫应答能力和抵抗力下降而诱发或加重疾病。因此，鸡传染病的综合防治工作需要在饲养管理条件和管理制度上进一步改善和加强。

对于因历史条件限制，无法实现全进全出，而是采用连续饲养的鸡场，如场内养有雏鸡、产蛋鸡甚至还养有种鸡，这种情况也称综合性鸡场，由于连续饲养，使传入场内传染病得以循环感染，不能进行彻底消毒，对于这种鸡场，更应加强日常的防疫卫生和饲养管理，尽可能避免传染性疾病的发生，至少要做到整栋鸡舍的"全进全出"。

（四）隔离

隔离是指将患病动物和疑似感染动物控制在一个有利于防疫和生产管理的环境中，进行单独饲养和防疫处理的方法。传染病发生后，兽医人员应深入现场，查明疫病在群体中的分布状态，立即隔离发病动物群，并对其污染的圈舍进行严格消毒，进行隔离处理。

四、疾病的净化

种鸡场必须对既可水平传播，又可垂直传播的鸡白痢、鸡白血病、鸡支原体病等传染病采取净化措施，清除群内带菌鸡。

（一）鸡白痢的净化

种鸡群定期通过全血平板凝集反应进行全面检疫，淘汰阳性鸡和可疑鸡。有该病的种鸡场或种鸡群，应每隔4～5周检疫一次，将全部阳性带菌鸡检出并淘汰，以建立健康种鸡群。

（二）鸡白血病的净化

通过对种鸡检疫、淘汰阳性鸡，培育出无禽白血病病毒

（ALV）的健康鸡群，也可选育对禽白血病有抵抗力的鸡种。

（三）鸡支原体的净化

支原体感染在养鸡场普遍存在，在正常情况下一般不表现临床症状，但如遇环境条件突然改变或其他应激因素的影响时，可能暴发本病或引起死亡。应定期进行血清学检查，一旦出现阳性鸡，立即淘汰。也可以采用抗生素处理和加热法来降低或消除种蛋内支原体。

第二节　消　　毒

消毒是指通过物理、化学或生物学方法杀灭或清除环境中病原体的技术或措施。

一、消毒的主要方法

（一）物理消毒法

物理消毒法是指通过机械性清扫、冲洗、通风换气等对环境和物品中病原体的清除或杀灭。

1. 机械性清扫、洗刷　通过机械性清扫、冲洗等手段清除病原体是最常用的消毒方法，也是日常的卫生工作之一。采用清扫、洗刷等方法，可以除去圈舍地面、墙壁以及家禽体表粪便、垫草、饲料等污物。随着这些污物的消除，大量病原体也被清除。

2. 日光、紫外线照射　日光暴晒是一种最经济、有效的消毒方法，在直射日光下经过几分钟至几小时可杀死病毒和非芽孢性病原菌，反复暴晒还可使带芽孢的菌体变弱或失活。

3. 高温灭菌　鸡场消毒常用火焰烧灼灭菌法。可通过火焰喷射器对粪便、场地、墙壁、笼具、其他废弃物品等进行烧灼灭菌，或将动物的尸体以及传染源污染的饲料、垫草、垃圾等进行焚烧处理；全进全出制动物圈舍中的地面、墙壁、金属制品也可用火焰烧灼灭菌。

（二）化学消毒法

在疫病防治过程中，常常利用各种化学消毒剂对病原微生物污染的场所、物品等进行清洗、浸泡、喷洒、熏蒸，以达到杀灭病原体的目的。消毒剂是消灭病原体或使其失去活性的一种药剂或物质。各种消毒剂对病原微生物均具有广泛的杀伤作用，但有些也可破坏宿主的组织细胞。因此，通常仅用于环境的消毒。

（三）生物热消毒法

生物热消毒法是指通过堆积发酵、沉淀池发酵、沼气池发酵等产热或产酸，以杀灭粪便、污水、垃圾及垫草等内部病原体的方法。在发酵过程中，由于粪便、污物等内部微生物产生的热量可使温度上升到70℃以上，经过一段时间后便可杀死病毒、细菌、寄生虫卵等，从而达到消毒的目的。此外，由于发酵过程中还可改善粪便的肥效，所以生物热消毒在各地的应用非常广泛。

二、消毒程序

（一）鸡舍消毒

鸡舍消毒是清除前一批家禽饲养期间累积污染最有效的措施，从而使下一批家禽生活在一个洁净的环境中。空栏消毒的程序通常为粪污清除、高压水枪冲洗、消毒剂喷洒、干燥后熏蒸消毒或火焰消毒、再次喷洒消毒剂、清水冲洗、晾干后转入动物群。

（二）设备用具消毒

1. 料槽和饮水器 塑料制成的料槽与自流饮水器，可先用水冲刷，洗净晒干后再用0.1%新洁尔灭刷洗消毒。在鸡舍熏蒸前放入，再经熏蒸消毒。

2. 运鸡笼 送肉鸡到屠宰厂的运鸡笼，最好在屠宰厂消毒后再运回，否则肉鸡场应在场外设消毒点，将运回的鸡笼冲洗晒干后再消毒。

（三）环境消毒

1. 消毒池 池内放入2%氢氧化钠（火碱），每天换一次。车辆的消毒池宽2.5米、长4~5米，池液深5厘米以上。

2. 生产区的道路 每天用0.2%次氯酸钠溶液等喷洒一次，如当天运家禽则在车辆通过后再消毒。

（四）带鸡消毒

鸡体是排出、附着、保存、传播细菌、病毒的根源，是污染源，也会污染环境。因此，须经常消毒。带鸡消毒多采用喷雾消毒。其作用是杀死和减少鸡舍内空气中飘浮的病毒与细菌等，清洁鸡体体表（羽毛、皮肤）；沉降鸡舍内飘浮的尘埃，抑制氨气的发生和吸附氨气，清洁鸡舍。

通常用电动喷雾装置，每平方米地面60~180毫升，每隔1~2天喷1次，对雏鸡喷雾，药物溶液的温度要比育雏器温度高3~4℃。当鸡群发生传染病时，每天消毒1~2次，连用3~5天。

第三节　免疫接种

免疫接种是激发鸡体产生特异性免疫力，使易感动物转化为非易感动物的重要手段，是预防和控制疾病的重要措施之一。为了鸡场的安全，必须制订适用的免疫程序。

一、免疫接种的方法

不同种类的疫苗接种途径（方法）有所不同，要按照疫苗说明书进行而不要擅自改变。一种疫苗有多种接种方法时，应根据具体情况决定免疫方法，既要考虑操作简单，经济合算，更要考虑疫苗的特性和保证免疫效果。只有正确地、科学地使用和操作，才能获得预期的免疫预防效果。

1. 滴鼻与点眼法　用滴管或滴注器，也可用带有 16～18 号针头的注射器吸取稀释好的疫苗，准确无误地滴入鼻孔或眼球上 1～2 滴。滴鼻时应以手指按压住另一侧鼻孔疫苗才易被吸入。点眼时，要等待疫苗扩散后才能放开禽只。本法多用于雏鸡，尤其是雏鸡的初免。

为了确保效果，一般采用滴鼻、点眼同时进行。适用于新城疫Ⅱ系、Ⅳ系疫苗及传染性支气管炎疫苗和传染性喉气管炎弱毒型疫苗的接种。

2. 刺种法　常用于鸡痘疫苗的接种。接种时，先按规定剂量将疫苗稀释好后，用接种针或大号缝纫机针头或蘸水笔尖蘸取疫苗，在鸡翅膀内侧无血管处的翼膜刺种，每只鸡刺种 1～2 下。接种后 1 周左右，可见刺种部位的皮肤上产生绿豆大小的小疱，以后逐渐干燥结痂脱落。若接种部位不发生这种反应，表明接种不成功，可重新接种。

3. 注射法　这是最常用的免疫接种方法。根据疫苗注入的组织部位不同，注射法又分皮下注射和肌内注射。本法多用于灭活疫苗（包括亚单位苗）和某些弱毒疫苗的接种。

（1）**皮下注射**　现在广泛应用于 1 日龄雏鸡的马立克氏病疫苗的免疫，在颈背皮下注射接种，用左手拇指和食指将鸡头顶后的皮肤捏起，针头近于水平刺入，按量注入即可。

（2）**肌内注射**　主要用于 1 月龄以上的大龄鸡，肌内注射的部位有胸肌、腿部肌肉和肩关节附近或尾部两侧。胸肌注射时，应沿胸肌与龙骨平行刺入，避免与胸部垂直刺入而误伤内脏。胸肌注射法适用于较大的鸡。

4. 饮水免疫法　常用于预防新城疫、传染性支气管炎及传染性法氏囊病弱毒苗的免疫接种。为使饮水免疫法达到应有的效果，必须注意：

（1）用于饮水免疫的疫苗必须是高效价的。

（2）在饮水免疫前后的 24 小时不得饮用任何消毒药液。

（3）稀释疫苗用的水最好是蒸馏水，也可用深井水或冷开水，不可使用有漂白粉等消毒剂的自来水。

（4）根据气温、饲料等的不同，免疫前停水 2~4 小时，夏季最好夜间停水，清晨饮水免疫。

（5）饮水器具必须洁净且数量充足，以保证每只鸡都能在短时间内饮到足够的疫苗量。

大群免疫要在第二天以同样方法补饮一次。

5. 气雾免疫法　使用特制的专用气雾喷枪，将稀释好的疫苗气化喷洒在高度密集的鸡舍内，使鸡吸入气化疫苗而获得免疫。实施气雾免疫时，应将鸡相对集中，关闭门窗及通风系统。

二、乌骨鸡预防接种的参考免疫程序

1. 乌骨鸡种鸡的免疫程序　见表 7-1。

表 7-1　乌骨鸡父母代种鸡免疫程序

年龄	疫苗名称	使用剂量（每只）	免疫方法
1 日龄	马立克病疫苗	1 头份	颈部皮下注射
3 日龄	鸡痘疫苗	1 头份	翼膜刺种
	新城疫支气管炎二联疫苗	1 头份	点眼（右侧）
12 日龄	禽流感疫苗	0.3 毫升	颈部皮下注射
	传染性法氏囊炎疫苗	1 头份	混合点眼（左侧）
	新城疫支气管炎二联疫苗	1 头份	
22 日龄	新城疫Ⅰ系疫苗	1.5 头份	肌内注射（左侧）

（续）

年龄	疫苗名称	使用剂量（每只）	免疫方法
30 日龄	传染性鼻炎疫苗	1 头份	腿肌注射（左侧）
	传染性支气管炎 H52 疫苗	2 头份	滴口
40 日龄	禽流感疫苗	0.5 毫升	肌内注射（右侧）
	新城疫 Ⅰ 系疫苗	2 头份	肌内注射（左侧）
50 日龄	喉气管炎疫苗	0.5 头份	点眼（右侧）
60 日龄	传染性支气管炎 H52 疫苗	2 头份	滴口
70 日龄	脑脊髓＋大鸡痘疫苗	1 头份	翼膜刺种
80 日龄	禽流感疫苗	0.5 毫升	肌内注射（右侧）
	传染性支气管炎 H52 疫苗	2 头份	滴口
90 日龄	喉气管炎疫苗	1 头份	点眼（左侧）
100 日龄	传染性鼻炎疫苗	1 头份	腿肌注射（右侧）
120 日龄	新城疫＋支气管炎＋产蛋下降综合征疫苗	0.5 毫升	肌内注射（右侧）
	新城疫 Ⅰ 系疫苗	2 头份	肌内注射（左侧）
130 日龄	禽流感疫苗	1.0 毫升	分两侧肌内注射
140 日龄	新城疫油疫苗	0.3 毫升	肌内注射（左侧）
38～40 周龄	新城疫支气管炎二联疫苗	1 头份	点眼（右侧）
	新城疫油疫苗	0.3 毫升	肌内注射（右侧）
46 周龄	新城疫支气管炎二联疫苗	1 头份	点眼（左侧）
54 周龄	新城疫支气管炎二联疫苗	1 头份	点眼（右侧）

2. 乌骨鸡商品肉鸡的免疫程序　见表 7 - 2。

表 7 - 2　乌骨鸡商品肉鸡免疫程序

免疫日龄	疫苗名称	接种剂量	免疫方式	备注
1	马立克病疫苗	1 头份	颈部皮下注射	

（续）

免疫 日龄	疫苗名称	接种 剂量	免疫方式	备注
3	新新城疫支气管炎支二联疫苗	1头份	点眼	
	鸡痘疫苗	1头份	翼膜刺种	
10	禽流感疫苗	0.3毫升	颈部皮下注射	
	传染性法氏囊炎疫苗	1头份	混合点眼	
	新城疫支气管炎二联疫苗	1头份		
20	新城疫Ⅰ系疫苗	1头份	肌内注射	
	新城疫油苗	0.3毫升	肌内注射	
25	传染性支气管炎疫苗	1头份	饮水	
40	新城疫Ⅰ系疫苗	1头份	肌内注射	40日龄以上鸡群使用
60	新城疫Ⅰ系疫苗	1头份	肌内注射	40日龄以上鸡群使用

第四节　主要传染病防制

一、病毒性传染病

（一）新城疫

鸡新城疫又称亚洲鸡瘟，是由副黏病毒科新城疫病毒引起的一种家禽传染病。鸡对本病最易感，鸽子、鹌鹑也会感染。

【症状】鸡常表现为体温升高（一般可达 $43\sim44℃$），突然减食甚至不食，精神委顿，羽毛松乱，翅膀下垂，眼半闭或全闭，嗜睡，头下垂或埋于翅内，鸡冠及肉垂呈暗红或紫红色，口及鼻腔中有大量黏液，流涎，常做吞咽动作，伸颈摇头，张口呼吸，常发"咯咯"声，排黄白色或黄绿色稀粪。有的病鸡会出现神经症状，如头向后歪曲、步态不稳等。

【病变】病鸡腺胃乳头出血，肌胃黏膜（剥去角质膜）皱襞的嵴部出血。盲肠扁桃体出血，在十二指肠末端发生大溃疡灶，表现隆起似岛屿状，上面有炎性物。在一对盲肠之间的回肠上，常有数量不等、枣核状的溃疡灶，刮去溃疡表面的脓样物，可见下面出血性坏死灶，这是新城疫最重要的一个特征性的病理变化。喉头与气管黏膜充血、出血，气管内分泌物增多，肺充血、呈深红色。母鸡卵泡出血、形成疤痕。病鸡心冠部与心尖部，心脏周围的胸壁、腹部脂肪、主要动脉周围的组织上，可见数量不等的出血点。

【诊断】当鸡群出现明显的呼吸道症状，并有少数鸡死亡时，应仔细检查病死鸡的消化道，如有上述病变，则应初步诊断为该病，并立即采取相应措施。必要时用实验室手段确诊。

【防制】鸡新城疫主要靠接种疫苗预防，商品鸡一般在4～7日龄接种新城疫Ⅳ系（或克隆30、VH等）＋传染性支气管炎H120弱毒冻干苗，接种方式可用滴眼、鼻或喷雾等，20日龄再用同样的疫苗接种一次，60日龄时接种一次新城疫Ⅰ系疫苗。在新城疫强毒高度污染的地方，最好在第二次接种新城疫支气管炎二联弱毒苗的同时接种一次新城疫油乳剂灭活疫苗。

一旦确诊为新城疫，立即采用4～8倍量的新城疫克隆30弱毒苗进行紧急接种，同时在饮水中加入多种维生素及抗生素，可大大降低死亡率。

中草药对本病也有一定的治疗作用，处方是：黄连20克，黄芩30克，知母30克，生石膏120克，栀子30克，生地30克，玄参30克，丹皮25克，赤芍30克，淡竹叶30克，连翘35克，桔梗30克。以上几味中草药粉碎后，按1%的比例拌入饲料中，连用3～5天。

（二）禽流感

禽流感是禽流行性感冒的简称。是由A型禽流行性感冒病毒引起的一种禽类（家禽和野禽）传染病。

【症状】禽流感病毒感染后可以表现为轻度的呼吸道和消化

道症状，死亡率较低；或表现为较严重的全身性、出血性、败血性症状，死亡率较高。这种症状上的不同，主要是由禽流感的毒型决定的。根据禽流感致病性的不同，可以将禽流感分为高致病性禽流感、低致病性禽流感和无致病性禽流感。

高致病性禽流感（主要由 H5N1 亚型引起）潜伏期短，发病初期无明显临床症状，表现为禽群突然暴发，常无明显症状而突然死亡。病程稍长时，病禽体温升高（达 43℃ 以上），精神高度沉郁，食欲废绝，羽毛松乱；有咳嗽、啰音和呼吸困难，甚至可闻尖叫声；鸡冠、肉髯、眼睑水肿；鸡冠、肉髯发绀，或呈紫黑色，或见有坏死；眼结膜发炎，眼、鼻腔有较多浆液性或黏液性或黏脓性分泌物；病鸡腿部鳞片有红色或紫黑色出血；病禽有下痢，排出黄绿色稀便；产蛋鸡产蛋量明显下降，产蛋率可由80％或 90％下降到 20％或以下，甚至停产；产蛋率下降的同时，可见软皮蛋、薄壳蛋、畸形蛋增多。有的病鸡可见神经症状，共济失调，不能走动和站立。

【病变】剖检病死禽，常见的病变有头部和颜面浮肿，鸡冠、肉髯肿大达 3 倍以上；皮下有黄色胶样浸润、出血，胸、腹部脂肪有紫红色出血斑；心包积水，心外膜有点状或条纹状坏死，心肌软化。消化道病变表现为腺胃乳头水肿、出血，肌胃角质层下出血，肌胃与腺胃交界处呈带状或环状出血；十二指肠、盲肠扁桃体、泄殖腔充血、出血；肝、脾、肾脏瘀血、肿大，有白色点状坏死；胰腺有白色坏死点；呼吸道有大量炎性分泌物或黄白色干酪样物；胸腺萎缩，有程度不同的斑点状出血；法氏囊萎缩或呈黄色水肿，充血、出血；母鸡卵泡充血、出血，卵黄液变稀薄；严重者卵泡破裂，卵黄散落到腹腔中，形成卵黄性腹膜炎，腹腔中充满稀薄的卵黄。输卵管水肿、充血，内有浆液性、黏液性或干酪样物质。公鸡睾丸变性坏死。

【诊断】根据临床症状和病理变化作出初步诊断，确诊需进一步进行实验室诊断。

【防制】禽流感疫苗有弱毒活疫苗和灭活油乳剂两种，弱毒疫苗一般可在 7、25、60 日龄接种三次，灭活油乳剂苗有 H5 亚型单苗和 H5＋H9 二联苗两种，可在 15、45、75 日龄各接种一次。对于疑似高致病性禽流感，应严格按农业部《高致病性禽流感疫情处置技术规范》处理。

（三）传染性支气管炎

鸡传染性支气管炎是由冠状病毒引起的鸡的一种急性、高度接触性传染性疾病。本病有三种类型，呼吸型、肾型、腺胃型。

【症状】

呼吸型传染性支气管炎：雏鸡易感，发病后以呼吸困难为特征，鼻腔有分泌物，常常甩头。病鸡精神萎靡，食欲减退。病后 1～2 天鸡群开始出现死亡，并且死亡率呈直线上升，约 1 周后死亡率开始下降。成年鸡发病时呼吸症状不是十分明显，只是可听见打喷嚏、咳嗽、气管啰音等，但是产蛋明显下降，蛋壳粗糙，多为畸形蛋，蛋壳颜色变浅，蛋黄与蛋清分离，蛋清稀薄如水。

肾型传染性支气管炎（简称肾传支）：以 20～40 日龄的雏鸡多发，发病鸡精神萎靡，食欲减退，呼吸道症状不明显，排水样白色或黄绿色稀便，打喷嚏、咳嗽，有气管啰音，有的呼吸困难，抬头伸颈，张口呼吸，口鼻流出带泡沫的黄色黏液，病鸡甩头，叫声嘶哑。

腺胃型传染性支气管炎：40～80 日龄的鸡多发。鸡群发病传播速度较上述两种类型要慢，病鸡精神食欲差，有呼吸道症状，比慢性呼吸道疾病的呼吸症状明显且严重。鸡群出现下痢。死亡缓慢，但拖延的时间长，可达 20 天之久。死亡的鸡非常瘦是明显的特点。同时具备上述两型外表症状，成鸡感染后很快出现产蛋率下降，畸形蛋明显增多，蛋壳颜色变白。

【病变】以呼吸型传染性支气管炎为主的病死雏鸡，剖检可见呼吸道内有大量浆液性及干酪样渗出物；气囊混浊，表面有黄色干酪样渗出物；产蛋母鸡可见卵黄性腹膜炎，卵巢有时充血、出血、变形；输卵管萎缩，变短、变轻，有时发生囊肿。

肾型传染性支气管炎的主要病变是剖检病死鸡时可见肾脏肿大 2~3 倍，表面有大量尿酸盐，呈花斑状，肾切面呈放射状的尿酸盐沉积，肾小管及输尿管内充满尿酸盐并扩张增粗，直肠末端膨大部分充满灰白色稀粪。

以腺胃病变为主的病死鸡主要病变是腺胃肿大，胃壁增厚、黏膜水肿、充血、出血，有的坏死、溃疡，乳头出现肉芽肿样病变，肌胃柔软，角质膜上常有溃疡、易脱落，肠道黏膜增厚、充血，腺胃乳头周围出血。

【诊断】根据上述症状与病变可作出初步诊断，确诊应进一步进行实验室诊断。

【防制】预防本病的疫苗主要有弱毒疫苗和油乳剂苗两种，在有肾型传染性支气管炎发生的鸡场，可以用含预防肾型传染性支气管炎毒株的疫苗。

本病一旦发生，无特效药物治疗，但中草药有一定的治疗效果，可试用。处方：连翘、生石膏各 10%，黄芩 8%，板蓝根、双花各 7%，豆根、陈皮、生地各 6%，知母、射干、桔梗、苏子、冬花、栀子各 5%，薄荷 4%，半夏 3%，麻黄 3%。以上中草药分别粉碎后，按上述比例混合，按 0.5%~1% 拌入饲料中。若肾型传染性支气管炎较重，可在饮水中加肾肿解毒药。

（四）传染性喉气管炎

传染性喉气管炎是由疱疹病毒引起的鸡的一种急性呼吸道传染病。

【症状】发病初期，鸡群中少数鸡突然死亡，继而部分病鸡眼睛流泪，伴有结膜炎。1~2 天后，病鸡出现伸颈张口呼吸等特征性症状，严重者有强咳动作，时常咳出血痰，在鸡笼上、地上、料槽等部位可见到血痰。病鸡多因气管内渗出物不能咳出而窒息死亡，死亡率 5%~15%。本病易继发支原体病、大肠杆菌病、鼻炎等细菌性传染病，导致病情加重，死淘率升高。

【病变】剖检病死鸡，嘴角和羽毛有血痰沾污；眼结膜充血、潮红，鼻窦充血、出血；喉部及气管黏膜肿胀、充血、出血，有时附着黄色干酪物。

【诊断】根据症状与病变可作出初步诊断，但应注意与白喉型鸡痘的鉴别诊断。两种病的鉴别诊断见表7-3。

表7-3　鸡传染性喉气管炎与白喉型鸡痘的鉴别诊断

病名	病原	病毒感染部位	多发日龄	发病季节	临床症状	病理剖检
黏膜型鸡痘	鸡痘病毒	皮肤、口腔黏膜、食管、气管	80~150	秋冬、春冬	精神不振、伸颈呼吸、窒息死亡、死亡率高，采食量和产蛋率下降	口腔有痘斑，喉头、气管黏膜隆起，后期形成豆腐渣样，干酪物堵塞喉头，剥离后有出血溃疡灶
传染性喉气管炎	疱疹病毒	气管	50~200	秋冬、春冬	精神不振、伸颈呼吸、窒息死亡、吐血痰、眼流泪，采食量和产蛋率下降	气管内有血栓，部分鸡气管和喉头有黄色干酪物附着，但易剥离

【防制】预防本病可用弱毒疫苗，但未确诊发生过本病的鸡场慎用。

本病的治疗可以减少损失，治疗方法如下：

（1）发病早期，紧急接种传染性喉气管炎疫苗，同时在饮水中添加0.01%的强力霉素或0.05%的泰乐菌素等药物以防继发感染。

（2）中草药对本病也有较好的治疗效果，处方：山豆根、板蓝根、连翘各20%，桔梗、玄参、天花粉各10%，干蟾、雄黄各5%。以上中草药粉碎后，按上述比例混合，按1%的比例拌入饲料中，连用3天。

（五）传染性法氏囊病

鸡传染性法氏囊病是由鸡传染性法氏囊病病毒引起的一种主要危害雏鸡的免疫抑制性传染病。

【症状】本病潜伏期为 2～3 天，易感鸡群感染后发病突然，病程一般为 1 周左右，典型发病鸡群的死亡曲线呈尖峰式。发病鸡群的早期症状之一是有些病鸡有啄自己肛门的现象，随即病鸡出现腹泻，排出白色黏稠或水样稀便。随着病程的发展，食欲逐渐消失，颈和全身震颤，病鸡步态不稳，羽毛蓬松，精神委顿，卧地不动，体温常升高，泄殖腔周围的羽毛被粪便污染。此时病鸡脱水严重，趾爪干燥，眼窝凹陷，最后衰竭死亡。

【病变】病死鸡肌肉色泽发暗，大腿内外侧和胸部肌肉常见条纹状或斑块状出血。腺胃和肌胃交界处常见出血点或出血斑。法氏囊病变具有特征性，水肿，比正常大 2～3 倍，囊壁增厚，外形变圆，呈土黄色，外包裹有胶冻样透明渗出物。黏膜皱褶上有出血点或出血斑，内有炎性分泌物或黄色干酪样物。随病程延长，法氏囊萎缩变小，囊壁变薄，第 8 天后仅为其原质量的 1/3 左右。一些严重病例可见法氏囊严重出血，呈紫黑色如紫葡萄状。肾脏肿大，常见尿酸盐沉积。输尿管有多量尿酸盐而扩张。盲肠、扁桃体多肿大、出血。

【诊断】本病根据其流行病学、病理变化和临诊症状可作出初步诊断，确诊须进行实验室诊断。

【防制】预防本病可使用疫苗，商品鸡一般使用弱毒活疫苗免疫即可，疫苗接种途径包括滴口、滴鼻、点眼、饮水等多种免疫方法，可根据疫苗的种类、性质、鸡龄、饲养管理情况等进行具体选择。种鸡应在开产前接种油乳剂灭活疫苗，以提高雏鸡的母源抗体水平，避免早期感染。

一旦发生本病，可在饮水中加入复方口服补液盐以及维生素 C、维生素 K、B 族维生素或 1%～2% 奶粉，以保持鸡体水、电解质、营养平衡，促进康复。发病早期用高免血清或高免卵黄抗体治疗可获得较好疗效。

中草药治疗本病也有较好的效果，可试用以下处方：黄芪300克，黄连、生地、大青叶、白头翁、白术各150克；以上几味煎汤用于500只鸡一日量或粉碎后按2％拌料，连用3天。

(六) 禽传染性脑脊髓炎

禽传染性脑脊髓炎（AE），俗称流行性震颤，是一种主要侵害雏鸡的病毒性传染病，以共济失调和头颈震颤为主要特征。

【症状】本病主要见于3周龄以内的雏鸡，病雏最初表现为迟钝，继而出现共济失调，雏鸡不愿走动而蹲坐在跗关节上，驱赶时可勉强以跗关节着地走路，走动时摇摆不定，向前猛冲后倒下。或出现一侧或双侧腿麻痹，一侧腿麻痹时，跛行；双侧腿麻痹则完全不能站立，双腿呈一前一后的劈叉姿势，或双腿倒向一侧。肌肉震颤大多在出现共济失调之后才发生，在腿、翼，尤其是头颈部可见明显的阵发性震颤，频率较高，在病鸡受惊扰，如给水、加料、倒提时更为明显。部分存活鸡可见一侧或两侧眼的晶状体混浊或浅蓝色褪色，眼球增大及失明。

【病变】病鸡唯一可见的肉眼变化是腺胃的肌层有细小的灰白区，个别雏鸡可发现小脑水肿。组织学变化表现为非化脓性脑炎，脑部血管有明显的管套现象；脊髓背根神经炎，脊髓根中的神经元周围有时聚集大量淋巴细胞。小脑分子层易发生神经元中央虎斑溶解，神经小胶质细胞弥漫性或结节性浸润。此外，尚有心肌、肌胃肌层和胰脏淋巴小结的增生、聚集，以及腺胃肌肉层淋巴细胞浸润。

【诊断】根据疾病仅发生于3周龄以下的雏鸡，无明显肉眼变化，偶见脑水肿，而以瘫痪和头颈震颤为主要症状，药物防治无效，种鸡曾出现一过性产蛋下降等，即可作出初步诊断。确诊时需进行病毒分离、荧光抗体试验、琼脂扩散试验及酶联免疫吸附试验。

【防制】

（1）预防　避免从发病鸡场引进鸡苗。商品鸡一般不需接种疫苗，只在种鸡中接种疫苗。

（2）治疗　本病尚无有效的治疗方法。

（七）马立克氏病

鸡马立克氏病（MD）是由疱疹病毒引起的一种淋巴组织增生性疾病，其特征是病鸡的外周神经、性腺、虹膜、各种脏器、肌肉和皮肤等部位的单核细胞浸润和形成肿瘤病灶。

【症状】　据症状和病变发生的主要部位，本病在临床上分为神经型（古典型）、内脏型（急性型）、眼型和皮肤型四种类型。有时可以混合发生。其中以内脏型危害较大。

内脏型多呈急性暴发，常见于50日龄后至开产前鸡群，开始以大批鸡精神委顿为主要特征，几天后部分病鸡出现共济失调，随后出现单侧或双侧肢体麻痹。部分病鸡死前无特征临床症状，很多病鸡表现脱水、消瘦和昏迷。

【病变】肿瘤发生的内脏器官中以卵巢的受害最为常见，其次为肾、脾、肝、心、肺、胰、肠系膜、腺胃、肠道和肌肉等。在上述组织中长出大小不等的肿瘤块，呈灰白色，质地坚硬而致密。有时肿瘤组织在受害器官中呈弥漫性增生，使整个器官变得很大。

【诊断】本病常与淋巴白血病（LL）或网状内皮增生症（RE）相混淆，应注意鉴别诊断。

【防制】疫苗接种是防制本病的关键。在进行疫苗接种的同时，鸡群要封闭饲养，尤其是育雏期间应搞好封闭隔离，可减少本病的发病率。疫苗接种应在1日龄进行，所用疫苗主要为火鸡疱疹病毒冻干苗（HVT），以及血清Ⅰ型疫苗，如CVI988和814。

（八）白血病

禽白血病是由禽白血病病毒和禽肉瘤病病毒引起的禽类多种

肿瘤性疾病的统称。本病常引发鸡的许多种具有传染性的良性或恶性肿瘤。根据临床症状表现，可分为淋巴细胞性白血病、成红细胞性白血病、成髓细胞性白血病、骨髓细胞瘤病、结缔组织性肿瘤、骨硬化病等。大多数肿瘤侵害造血系统，少数侵害其他组织。

禽白血病/肉瘤病毒群分为 A～J 10 个亚群，其中 A、B、C、D、E 和 J 亚群见于鸡。A、B 和 J 亚群为发生于田间的外源性病毒，是主要的致病性病毒。

在自然条件下，本病主要以垂直传播方式进行传播，也可水平传播，但比较缓慢，多数情况下接触传播被认为是不重要的。本病的感染虽很广泛，但临床病例的发生率相当低，一般多为散发。但本病的危害还在于它可以造成免疫抑制，特别是 J-亚型禽白血病，是一种重要的免疫抑制病。

本病主要为垂直传播，病毒型间交叉免疫力很低，雏鸡免疫耐受，对疫苗不产生免疫应答，所以对本病的控制尚无切实可行的方法。减少种鸡群的感染率和建立无白血病的种鸡群是控制本病的最有效措施。

（九）网状内皮细胞增生症

禽类的网状内皮增生症（RE）是一种反转录病毒引起的一种综合征，包括急性网状细胞瘤、发育障碍综合征及慢性肿瘤形成。网状内皮组织增生症病毒（REV）在多种家禽和野鸟中均有自然感染。试验证明，1 日龄人工感染网状内皮组织增生症病毒的雏鸡，对新城疫弱毒疫苗的抗体反应也受到不同程度的抑制。网状内皮组织增生症病毒的免疫抑制作用尤以垂直感染或出壳后早期感染时最为显著。实际上，有相当比例垂直感染网状内皮组织增生症病毒的鸡终身不产生对网状内皮组织增生症病毒的抗体，呈现持续性或间歇性的病毒血症，称之为耐受性病毒血症。这些鸡免疫反应差，很容易成为鸡群中其他病原的易感宿主。

【症状及病变】急性网状细胞瘤潜伏期 3 天，多在潜伏期过后 6～12 天内死亡。无明显的临床症状，死亡率可达 100%。剖检可见肝脏肿大，质地稍硬，表面及切面有小点状或弥漫性灰白色、黄色病灶；脾脏和肾脏也见肿胀，体积增大，有小点状或弥漫性灰白色病灶；胰腺、输卵管及卵巢出现纤维性粘连。病理组织学检查，可见肿瘤是由幼稚型网状细胞所构成，瘤细胞大小不一，核多呈空泡状。

发育障碍综合征表现生长发育迟缓或停滞，体格瘦小，但消耗饲料不减。剖检可见尸体瘦小、血液稀薄、出血、腺胃糜烂或溃疡、肠炎、坏死性脾炎，以及胸腺与法氏囊萎缩等变化。有的见肾脏稍肿大。两侧坐骨神经肿大，横纹消失。

形成慢性肿瘤的病例，临床表现渐进性消瘦和贫血。生长的肿瘤为淋巴细胞瘤。

【诊断】可根据肝、脾肿大，有点状或弥漫性灰白色病灶，生长发育障碍，个体瘦小，但消耗饲料不减等特点作出初步诊断。确诊应作病理组织学、血清学及病毒学检查。

【防制】主要应避免垂直传播和疫苗传播。

（十）病毒性关节炎

鸡病毒性关节炎是一种由呼肠孤病毒引起的鸡传染性疾病。

【症状】病鸡食欲和活力减退，不愿走动，驱赶时可勉强移动，但步态不稳，继而出现跛行或单脚跳跃。病鸡因得不到足够的水分和饲料而日渐消瘦、贫血、发育迟滞，少数病鸡逐渐衰竭而死。

【病变】病变主要在跗关节、趾关节、趾屈肌腱和跖伸肌腱。病的急性期，关节囊及腱鞘水肿、充血或点状出血，关节腔内含有少量淡黄色或带血色的渗出物，少数病例的渗出物为脓性，这可能与某些细菌合并感染有关。慢性病例关节腔内的渗出物较少，关节硬固，不能将跗关节伸直到正常状态，关节软骨糜烂，滑膜出血，肌腱破裂、出血、坏死，腱和腱鞘粘连等。有时还可见到心外膜炎，肝、脾和心肌上有细小的坏死灶。

【诊断】 根据流行病学、临床症状和病理变化可作出假定性诊断。跖部腱鞘肿胀的同时伴有心肌纤维间的异嗜性粒细胞浸润具有诊断意义。根据病毒的分离与鉴定可作出确诊。

【防制】 对病鸡尚无有效的特异性治疗方法。预防上主要采取应对病毒性传染病的常规生物安全措施。在接种疫苗方面，目前国内外已有多种灭活或弱毒疫苗可供选择使用，接种时间的安排也不尽相同。禽呼肠孤病毒存在着多个血清型的差别，这在选择疫苗时必须考虑到。在未确定当地病毒的血清型之前，一般宜选择抗原性较广的疫苗。对于种鸡群，一般 1～7 日龄、28 日龄时各接种一次弱毒疫苗，开产前接种一次灭活疫苗。对于肉鸡群，多在 1 日龄时接种一次弱毒疫苗。弱毒疫苗多经饮水免疫，灭活疫苗的接种则为肌内注射。有人认为在 1 日龄时接种 S1133弱毒株病毒性关节炎疫苗，对马立克氏病疫苗有干扰作用，对此必须引起重视。

(十一) 鸡痘

鸡痘是由痘病毒引起的接触性传染病，夏秋季节多发。主要通过皮肤损伤传染，其中蚊虫叮咬是最主要的传播因素。

【症状及病变】 病鸡发病初期在患部形成灰色小硬结节，突出于皮肤表面，1～2 天后形成痂皮，一般 7 天后痂皮脱落，可见到明显的遗留痕迹。患病雏鸡和幼鸡精神委顿，食欲大减，体重减轻，甚至死亡。若痘长在眼上，则眼流泪，怕光，眼睑粘连甚至失明。白喉型鸡痘无明显的外观症状，只表现呼吸困难，往往因口腔和咽喉部位堵塞而窒息死亡，危害较大。

【防制】 本病必须采取综合性防制措施。

预防本病最好的办法是接种疫苗。鸡痘疫苗接种 3～4 天后，刺种部位出现红肿、结痂，2～3 周后痂块即可脱落，免疫后 14天产生免疫力，雏鸡免疫期两个月，成年鸡免疫期 5 个月。需要注意的是，鸡痘疫苗免疫后必须认真检查，只有结痂方为生效，如不结痂，必须重新接种。另外，鸡痘疫苗只有皮肤刺种才能有效，肌内注射效果不好，饮水则无效。

病鸡可对症治疗，以减轻症状，防止并发症。对症治疗可剥除痂块，伤口处涂擦紫药水或碘酊。口腔、咽喉处用镊子除去假膜，涂敷碘甘油，眼部可把蓄积的干样物挤出，用2%的硼酸液冲洗干净，再滴入5%的蛋白银液。

二、细菌性传染病

（一）大肠杆菌病

本病是由大肠杆菌埃希氏菌的某些致病性血清型菌株引起的疾病的总称。

【病型、症状与病变】

（1）鸡胚和雏鸡早期死亡　该病型主要通过垂直传染，鸡胚卵黄囊是主要感染灶。鸡胚死亡发生在孵化过程，特别是孵化后期，病变卵黄呈干酪样或黄棕色水样物质，卵黄膜增厚。病雏突然死亡或表现软弱、发抖、昏睡、腹胀、畏寒聚集，下痢（白色或黄绿色），个别有神经症状。病雏除有卵黄囊病变外，多数发生脐炎、心包炎及肠炎。感染鸡可能不死，常表现卵黄吸收不良及生长发育受阻。

（2）大肠杆菌性急性败血症　本病常引起幼雏或成年鸡急性死亡。特征性病变是肝脏呈绿色和胸肌充血，肝脏边缘纯圆，外有纤维素性白色包膜。各器官呈败血症变化。也可见心包炎、腹膜炎、肠卡他性炎等病变。

（3）气囊病　主要发生于3～12周龄幼雏，特别3～8周龄肉仔鸡最为多见。气囊病也经常伴有心包炎、肝周炎。偶尔可见败血症、眼球炎和滑膜炎等。病鸡表现沉郁，呼吸困难，有啰音和喷嚏等症状。气囊壁增厚、混浊，有的有纤维样渗出物，并伴有纤维素性心包炎和腹膜炎等。

（4）大肠杆菌性肉芽肿病　表现为鸡消瘦贫血、减食、腹泻。在肝、肠（十二指肠及盲肠）、肠系膜或心上有菜花状增生物，针头大至核桃大不等，很易与禽结核或肿瘤相混。

（5）大肠杆菌性心包炎　大肠杆菌引发败血症时常发生心包炎。心包炎常伴发心肌炎，心外膜水肿，心包囊内充满淡黄色纤维素性渗出物，心包粘连。

（6）卵黄性腹膜炎及输卵管炎　常通过交配或人工授精时感染。多呈慢性经过，并伴发卵巢炎、子宫炎。母鸡减产或停产，呈直立企鹅姿势，腹下垂，最终消瘦死亡。其病变与鸡白痢相似，输卵管扩张，内以干酪样团块及恶臭的渗出物为特征。

（7）关节炎及滑膜炎　表现为关节肿大，内含有纤维素或混浊的关节液。

（8）眼球炎　是大肠杆菌感染的一种不常见的表现形式，多为一侧性，少数为双侧性。病初羞明、流泪、红眼，随后眼睑肿胀突起，睁开眼时，可见前房有黏液性脓性或干酪样分泌物，最后角膜穿孔、失明。病鸡减食或废食，经7～10天衰竭死亡。

（9）大肠杆菌脑炎　鸡表现昏睡，斜颈，歪头转圈，共济失调，抽搐，伸脖，张口呼吸，采食减少，腹泻，生长受阻，产蛋率显著下降。主要病变为脑膜充血、出血，脑脊髓液增加。

（10）肿头综合征　表现眼周围、头部、颌下、肉垂及颈部上2/3水肿，病鸡打喷嚏并发出咯咯声，剖检可见头部、眼部、下颌及颈部皮下黄色胶样渗出。

【诊断】根据症状及病变可作出初步诊断，确诊需用实验室病原检验方法，排除其他病原感染（病毒、细菌、支原体等），经鉴定为致病性血清型大肠杆菌，方可认为是原发性大肠杆菌病；在其他原发性疾病中分离出大肠杆菌时，应视为继发性大肠杆菌病。

【防制】预防本病应注重综合性的防制措施。

菌苗免疫防制：可采用自家（或优势菌株）多价灭活佐

剂苗。

药物防治：应选择敏感药物在发病日龄前 1～2 天进行预防性投药，或发病后做紧急治疗。

中草药对本病有一定的治疗效果，可试用处方：板蓝根 40克，鱼腥草 40 克，黄芩 40 克，连翘 40 克，穿心莲 40 克，元明粉 50 克，硼砂 30 克，生石膏 120 克，冰片 2.5 克，青黛 10 克。以上几味粉碎后，按 1% 比例拌入饲料中。

（二）鸡沙门氏菌病

鸡沙门氏菌病是一个概括性术语，指由沙门氏菌属中的任何一个或多个成员所引起的鸡群急性或慢性疾病。鸡常见的为鸡白痢沙门氏菌。

鸡白痢是由鸡白痢沙门氏菌引起的鸡传染病。本病特征为幼雏感染后常呈急性败血症，发病率和死亡率都高，成年鸡感染后，多呈慢性或隐性带菌，病菌可随粪便排出，因卵巢带菌，严重影响种蛋孵化率和雏鸡成活率。

【流行病学】各品种的鸡对本病均有易感性，以 2～3 周龄雏鸡的发病率与病死率为最高。随着日龄的增加，鸡的抵抗力也增强。成年鸡感染常呈慢性或隐性经过。本病主要通过种蛋垂直传播，也可水平传播。

【症状】本病在雏鸡和成年鸡中所表现的症状和经过有显著差异。

雏鸡：潜伏期 3～5 天，故出壳后感染的雏鸡多在孵出后几天才出现明显症状。7～10 天后雏鸡群内病雏逐渐增多，在第 2、3 周达高峰。发病雏鸡呈最急性者，无症状迅速死亡，稍缓者表现精神委顿，绒毛松乱，两翼下垂，缩头颈，闭眼昏睡，不愿走动，拥挤在一起。病初食欲减少，而后停食，多数出现软嗉症状。同时腹泻，排白色稀薄如糨糊状粪便，肛门周围绒毛被粪便沾污，有的因粪便干结封住肛门周围，影响排粪。由于肛门周围炎症引起疼痛，故常发生尖锐的叫声，最后因呼吸困难及心力衰竭而死。有的病雏出现眼盲，或肢关节呈跛行症状。病程短的1天，一般为4~7天，20日龄以上的雏鸡病程较长。3周龄以上发病的极少死亡。耐过鸡生长发育不良，成为慢性患鸡或带菌鸡。

中鸡（育成鸡）：多发生于40~80日龄，地面平养的鸡群发生此病较网上和育雏育成笼养鸡发生的要多。死亡不见高峰而是每天都有鸡只死亡，数量不一。该病病程较长，可拖延20~30天，死亡率可达10%~20%。

成年鸡：多呈慢性经过或隐性感染。一般不见明显的临床症状，感染较严重时，可明显影响产蛋量，产蛋高峰不高，维持时间亦短，死淘率增加。有的鸡表现鸡冠萎缩，有的鸡开产时鸡冠发育尚好，以后则表现出鸡冠逐渐变小、发绀。病鸡有时下痢。仔细观察鸡群，可发现有的鸡寡产或根本不产蛋。极少数病鸡表现精神委顿，头翅下垂，腹泻，排白色稀粪，产卵停止。有的感染鸡因卵黄囊炎引起腹膜炎，腹膜增生而呈垂腹现象，有时成年鸡可呈急性发病。

【病变】

雏鸡：在病程短、发病后很快死亡的雏鸡，病变不明显。肝肿大、充血或有条纹状出血。其他脏器充血。卵黄囊变化不大。病期延长者卵黄吸收不良，其内容物色黄如油脂状或干酪样；心肌、肺、肝、盲肠、大肠及肌胃肌肉中有坏死灶或结节。有些病例有心外膜炎；肝或有点状出血及坏死点；胆囊肿大；脾有时肿大；肾充血或贫血；输尿管充满尿酸盐而扩张；盲肠中有干酪样物堵塞肠腔，有时还混有血液；肠壁增厚；常有腹膜炎。在上述器官病变中，以肝的病变最为常见，其次为肺、心、肌胃及盲肠的病变。死于几日龄的病雏，见出血性肺炎；稍大的病雏，肺可见有灰黄色结节和灰色肝变。

成年鸡：慢性带菌的母鸡，最常见的病变为卵子变形、变色、质地改变、呈囊状，有腹膜炎，伴以急性或慢性心包炎。受害的卵子常呈油脂或干酪样，卵黄膜增厚，变性的卵子或仍附在卵巢上，常有长短粗细不一的卵蒂（柄状物）与卵巢相连，脱落的卵子深藏在腹腔的脂肪组织内。有些卵则自输卵管逆行而坠入腹腔，有些则阻塞在输卵管内，引起广泛的腹膜炎及腹腔脏器粘连。可以发现腹水，特别见于大鸡。心脏变化稍轻，但常有心包炎，其严重程度和病程长短有关。轻者只见心包膜透明度较差，含有微混浊的心包液。重者心包膜变厚而不透明，逐渐粘连，心包液显著增多，在腹腔脂肪中或肌胃及肠壁上有时发现琥珀色干酪样小囊包。

成年公鸡：病变常局限于睾丸及输精管。睾丸极度萎缩，同时出现小脓肿。输精管管腔增大，充满稠密的均质渗出物。

【诊断】主要依据本病在不同年龄鸡群中发生的特点及病死鸡的主要病理变化，不难作出诊断。但只有在鸡白痢沙门氏菌分离和鉴定之后，才能作出确切诊断。

【防制】雏鸡白痢的防治，通常在雏鸡开食之日起，在饲料或饮水中添加抗菌药物，一般情况下可取得较为满意的效果。

采用药物预防应防止长时间使用一种药物，更不要一味加大药物剂量以达到防治目的。有效药物可以在一定时间内交替、轮换使用，药物剂量要合理，防治要有一定的疗程。近些年来微生态制剂开始在畜牧生产中应用，这类制剂具有安全、无毒、不产生副作用，细菌不产生抗药性，价廉等特点。

防控本病最彻底的办法是对种鸡进行鸡白痢的净化，目前已有一些种鸡场做到了对本病的净化。

（三）传染性鼻炎

本病是由副鸡嗜血杆菌所引起的鸡急性呼吸系统疾病。主要症状为鼻腔与鼻窦发炎，流鼻涕，脸部肿胀和打喷嚏。

【症状】本病损害鼻腔和鼻窦，发生炎症者常仅表现鼻腔流稀薄清液，常不引起人注意。一般常见症状为鼻孔先流出清液以后转为浆液黏性分泌物，有时打喷嚏。脸肿胀或显示水肿，眼结膜炎，眼睑肿胀。食欲变差，饮水减少，或有下痢，体重减轻。病鸡精神沉郁，脸部浮肿，缩头，呆立。仔鸡生长不良，成年母鸡产卵减少；公鸡肉髯常见肿大。如炎症蔓延至下呼吸道，则呼吸困难，病鸡常摇头欲将呼吸道内的黏液排出，呼吸有啰音。咽喉亦可积有分泌物的凝块，最后常窒息而死。

【病变】主要病变为鼻腔和窦黏膜呈急性卡他性炎，黏膜充血肿胀，表面覆有大量黏液，窦内有渗出物凝块，后成为干酪样坏死物。常见卡他性结膜炎，结膜充血肿胀。脸部及肉髯皮下水肿。严重时可见气管黏膜炎症，偶有肺炎及气囊炎。

【诊断】本病和慢性呼吸道病、慢性鸡霍乱、禽痘及维生素缺乏症等的症状相类似，故仅从临床上来诊断本病有一定困难。此外，传染性鼻炎常有并发感染，在诊断时必须考虑到其他细菌或病毒并发感染的可能性。如群内死亡率高，病期延长时，则更需考虑有混合感染的因素，须进一步作出鉴别诊断。

【防制】磺胺类药物对副鸡嗜血杆菌非常敏感，是治疗本病的首选药物。一般用复方新诺明或磺胺增效剂与其他磺胺类药物合用，或用2～3种磺胺类药物组成的联磺制剂均能取得较明显效果。若鸡群食欲下降，经饲料给药血中达不到有效浓度，治疗效果差，此时可考虑用注射抗生素，同样可取得满意效果。一般选用链霉素或青霉素、链霉素合并应用。红霉素及喹诺酮类药物也是常用治疗药物。

中草药对本病的治疗也可取得较好的效果，可用以下处方：黄连30克，黄芩70克，栀子40克，连翘40克，菊花30克，薄荷30克，葛根30克，大黄30克，玄参30克，花粉30克，川芎25克，当归25克，姜黄20克，桔梗30克。以上几味粉碎后，按比例混匀，按1%混入饲料中，连喂3～5天。

目前有鸡传染性鼻炎油佐剂灭活苗，经试验和现场应用对本病流行严重地区的鸡群有较好的保护作用。根据本地区情况可自行选用。

(四) 禽霍乱

禽霍乱又称禽巴氏杆菌病、禽出血性败血症，简称禽出败。是由多杀性巴氏杆菌引起的家禽的一种急性败血性传染病。其特征是：急性型表现为剧烈下痢和败血症，发病率和死亡率都很高；慢性型表现为呼吸道炎、肉髯水肿和关节炎，发病率和致死率都较低。

【流行特点】 本病对各种家禽包括鸡、鸭、鹅和火鸡都有易感性。在鸡群中常呈散发或地方性流行，多发生于成年鸡。病禽和带菌禽是本病的传染源。病禽的各种脏器、分泌物、排泄物，以及被其污染的饲料、饮水、场地、用具，各种动物、人和机械，某些昆虫、寄生虫等都可以是本病的传播媒介。感染途径为呼吸道、消化道及损伤的皮肤等。禽舍不洁、潮湿拥挤、气候突变、饲养失调、长途运输和患寄生虫病等均可诱发本病流行。

【症状及病变】 潜伏期为 2～9 天。按病程一般分为最急性、急性和慢性三型。

最急性型：常于流行初期在禽群中突然死亡，有时只见病禽沉郁，不安，倒地挣扎，拍翅抽搐而死。病程短者数分钟。长者也不过数小时。剖检常无特征性变化，有时仅见心外膜有小出血点，肝脏有少量针尖大、灰黄色坏死点。

急性型：最为常见，病鸡发热（体温 43～44℃），精神不振，不食，口渴，羽毛松乱，缩头闭眼，离群呆立，冠、髯青紫色，口、鼻分泌物增多，呼吸困难，张口吸气时发出"咯咯"声，常见腹泻，排出物呈黄色、灰白色或绿色，甚至混有血液的腥臭稀粪。最终衰竭死亡，病程仅 1～3 天。剖检可见肝脏有许多小白色坏死点或出血点。心外膜、腹膜、肠系膜、皮下等处有出血斑点，心包内积有渗出液。肺有点状出血和暗红色肝变区。出血性肠炎变化以十二指肠最为严重，腹腔内常有破裂卵黄存在，或在其他器官上附着干酪样的卵黄物质。

慢性型：多见于流行后期，或由急性病例转来。鼻有黏性分泌物，鼻窦肿大，喉头积有分泌物而影响呼吸。经常腹泻，逐渐消瘦、贫血。局部关节发炎，常局限于脚或翼关节和腱鞘处，关节肿大、疼痛、跛行。有些鸡的肉髯、耳或其他部位肿胀，随后坏死、脱落。病程达 1 个月以上，生长发育和产蛋长期不能恢复。剖检除见到急性病例的病变外，鼻腔、上呼吸道内积有黏稠分泌物，关节、腱鞘、肉髯、卵巢等发生肿胀部切开有黄灰色或黄红色浓稠的渗出物或干酪样坏死。

【诊断】根据流行特点、症状和剖检变化，结合治疗结果，只能作出初步诊断，确诊需无菌手术采取肝、脾及心血，涂片镜检，并分离、培养、鉴定病原和动物接种试验。本病与鸡新城疫有相似之处，应注意区别。

【防制】预防接种：用于 56 日龄以上的鸡，首选禽霍乱蜂胶灭活苗，每只肌内注射 1 毫升；也可用禽霍乱氢氧化铝灭活菌苗，每只肌内注射 2 毫升，免疫期为 3 个月；禽霍乱油乳剂灭活疫苗，颈部皮下或肌内注射 1 毫升，免疫持续期为 6 个月；还可用禽霍乱弱毒菌苗。

许多药物对本病均有一定的疗效，但存在着停药后容易复发的缺点。另外，长期用药，细菌会产生耐药性，必须增量或更换新药。

中草药对本病有一定的治疗效果，临床报道的疗效为 80%～99%，现介绍一些供参考。

（1）一见喜、厚朴各 15 克，大黄、双花、胡黄连、黄柏、苍术、白芷、乌梅肉各 30 克，为 100 只 500～1 000 克体重鸡 1 日量。煎汁拌料或灌服，连服 2～3 天。

（2）穿心莲 90%、鸡内金 8%、甘草 2%，分别烘干，研末，混匀。小鸡每次 0.5～0.8 克/只，成鸡 1～1.5 克/只，冷开水调匀，灌服或拌料让其自食，每天 3～4 次。

（3）板蓝根 6 份，穿心莲 6 份，蒲公英 5 份，旱莲草 5 份，苍术 3 份，均为细末，加淀粉适量，压制成片，每片含生药

0.45克。成年病鸡每次口服3～4片/只，每日3次，连用3天。

（五）葡萄球菌病

鸡葡萄球菌病是由金黄色葡萄球菌引起的一种传染病，常引起雏鸡脐炎、败血性感染、关节炎、眼炎。

本病发生与外伤有关。凡是能够造成鸡只皮肤、黏膜完整性遭到破坏的因素均可成为发病的诱因。

【症状】新生雏鸡脐炎可由多种细菌感染所致，其中有部分鸡因感染金黄色葡萄球菌，可在1～2天内死亡。临床表现脐孔发炎肿大、腹部膨胀（大肚脐）等，与大肠杆菌所致脐炎相似。

败血性鸡葡萄球菌病：病鸡生前没有特征性临床表现，一般可见病鸡精神、食欲不好，低头缩颈呆立。病后1～2天死亡。病鸡在濒死期或死后可见到鸡体的外部表现，在鸡胸腹部、翅膀内侧皮肤，有的在大腿内侧、头部、下颌部和趾部皮肤可见皮肤湿润、肿胀，相应部位羽毛潮湿易掉。

成年鸡多发生关节炎型的鸡葡萄球菌病，关节炎多发生于跗关节，关节肿胀，病鸡站立困难，以胸骨着地，行走不便，跛行，喜卧。有的出现趾底肿胀，溃疡结痂；肉垂肿大、出血、冠肿胀、有溃疡结痂。

发生鸡痘时可继发葡萄球菌性眼炎，导致眼睑肿胀，有炎性分泌物，结膜充血、出血等。

【病变】败血型病死鸡局部皮肤增厚、水肿。切开皮肤见皮下有数量不等的紫红色液体，胸腹肌出血、溶血形同红布。有的病死鸡皮肤无明显变化，但局部皮下（胸、腹或大腿内侧）有灰黄色胶冻样水肿液。

关节炎型见关节肿胀处皮下水肿，关节液增多，关节腔内有白色或黄色絮状物。

内脏其他器官如肝脏、脾脏及肾脏可见大小不一的黄白色坏死点，腺胃黏膜有弥漫性出血和坏死。

【诊断】金黄色葡萄球菌病的诊断需要进行细菌的分离培养

与鉴定。

【防制】金黄色葡萄球菌对药物极易产生抗药性，在治疗前最好做药物敏感试验，选择有效药物全群给药。实践证明，头孢菌素、氟苯尼考等有明显效果。

在常发地区频繁使用抗菌药物，疗效日渐降低，应考虑用疫苗接种来控制本病。国内研制的鸡葡萄球菌病多价氢氧化铝灭活苗，经多年实践证明，可有效地预防本病发生。

三、其他传染病

（一）支原体病

支原体又称霉形体，是一类没有细胞壁的原核细胞微生物。能引起家禽致病的有鸡败血支原体及滑液支原体，其中危害最大的当属鸡败血支原体。鸡败血支原体感染又称为慢性呼吸道病（CRD）。

【症状】病鸡先是流稀薄或黏稠鼻液，打喷嚏，鼻孔周围和颈部羽毛常被沾污。其后炎症蔓延到下呼吸道即出现咳嗽，呼吸困难，呼吸有气管啰音等症状。病鸡食欲不振，体重减轻、消瘦。到了后期，如果鼻腔和眶下窦中蓄积渗出物，可引起眼睑肿胀、眶下窦肿胀、发硬，眼部突出如肿瘤状。眼球受到压迫，发生萎缩和造成失明，可以侵害一侧眼睛，也可能两侧同时发生。

病鸡食欲不振，体重减轻。母鸡常产出软壳蛋，同时产蛋率和孵化率下降，后期常蹲伏一隅，不愿走动。公鸡的症状常较明显。在肉用仔鸡和火鸡可见严重的气囊炎、咳嗽、啰音和生长不良，本病在成年鸡多呈散发，幼鸡群则往往大批流行，特别是冬季最为严重。

【病变】肉眼可见的病变主要是鼻腔、气管、支气管和气囊中有渗出物，气管黏膜常增厚。胸部和腹部气囊的变化明显，早期为气囊膜轻度混浊、水肿，表面有增生的结节病灶，外观呈念珠状。随着病情的发展，气囊膜增厚，囊腔中含有大量干酪样渗出物，有时能见到一定程度的肺炎病变。在严重的慢性病例，眶下窦黏膜发炎，窦腔中积有混浊黏液或干酪样渗出物，炎症蔓延到眼睛，往往可见一侧或两侧眼部肿大，眼球破坏，剥开眼结膜可以挤出灰黄色的干酪样物质。病鸡严重者常发生纤维素性或脓性心包炎、肝周炎和气囊炎，此时经常可以分离到大肠杆菌。

【诊断】根据本病的流行情况、临床症状和病理变化，可作出初步诊断。本病在临诊上应注意与鸡的传染性支气管炎、传染性喉气管炎、新城疫、雏鸡曲霉菌病、滑液支原体病、禽霍乱相鉴别。确诊必须进行病原的分离培养和血清学试验。

【防制】疫苗接种是一种预防支原体感染的有效方法。疫苗有两种，弱毒活疫苗和灭活疫苗。

弱毒活疫苗：目前国际上和国内使用的活疫苗是F株疫苗。F株致病力极为轻微，给1日龄、3日龄和20日龄雏鸡滴眼接种不引起任何可见症状或气囊变化，不影响增重。

灭活疫苗：油佐剂灭活疫苗效果良好，能防止本病的发生并减少诱发其他疾病。

治疗本病首选泰妙菌素（支原净）、泰乐菌素、壮观霉素、林可霉素、红霉素、强力霉素、恩诺沙星、氧氟沙星治疗本病也均有一定疗效。但注意有些鸡败血支原体菌株对上述药物具有耐药性。此外，本病的药物治疗效果与有无并发感染的关系很大，病鸡如果同时并发其他病毒病（如传染性喉气管炎），疗效不明显。

中草药对本病也有较好的疗效，可选用下面处方：

（1）青黛10克，板蓝根40克，山豆根40克，紫菀30克，冬花20克，桔梗40克，荆芥30克，防风30克，冰片2.5克，硼砂20克，杏仁30克，石膏100克，粉碎，混匀，按1%比例拌入饲料中。

（2）板蓝根40克，鱼腥草40克，黄芩40克，连翘40克，穿心莲 40 克，元明粉 50 克，硼砂 30 克，生石膏 120 克，冰片 2.5 克，青黛 10 克。以上粉碎，混匀，按 1% 比例拌入饲料中。

（二）球虫病

本病是由艾美耳球虫寄生在鸡肠上皮细胞引起的一种原虫病，15～50 日龄的雏鸡易感。

【症状】 急性型见于幼鸡，病初鸡无精神，羽毛粗乱，喜卧，厌食，泄殖腔周围羽毛为稀粪所沾污；后期运动失调，翅膀轻瘫，食欲废绝，饮水增加，嗉囊内充满液体；冠、髯及可视黏膜苍白，排带血水样便或血便，常发生痉挛或昏迷等神经症状，多于发病后 6～10 天死亡，雏鸡死亡率可达 50%。慢性型多发生于 90 日龄左右的鸡或成年鸡，临床症状不明显。

【病变】 病变主要集中在肠道，柔嫩艾美耳球虫为盲肠肿大，比正常粗 2～3 倍，肠管因出血呈暗红色，肠腔内充满血凝块和灰黄色、黄绿色肠黏膜坏死物的柱状肠栓。肠壁增厚、出血，并有黄白色小坏死灶。毒害艾美耳球虫引发的病变与前者相似，主要发生在小肠中段。也有的虫种危害和病变程度较轻。

【防制】 多数抗球虫药主要抑制球虫无性生殖阶段，因此在生产实践中必须早期投药，以主动预防该病的发生。平时预防球虫用药，一般采取按比例拌入饲料中饲喂，投喂前必须用逐级扩大法拌料，要求拌料均匀，以免发生中毒事故。

发生球虫病时，应及时治疗，不但要注意早期用药，而且要注意按使用说明用足疗程，一般 3～5 天。如果只投药 1～2 天，看到病症减轻就停药，不但不能达到彻底治愈的目的，反而会导致耐药性虫株的出现而影响以后球虫病的治疗效果。鸡发生球虫病时，食欲减退甚至完全废绝，但饮欲增强，因此治疗球虫病时最好选用水溶性抗球虫药，通过饮水途径给药。

治疗球虫病常用磺胺类药物，主要有磺胺喹噁林、磺胺-5-甲氧嘧啶、磺胺-6-甲氧嘧啶等。

也可用中草药饮水：常山 40 克，柴胡 25 克，黄芩 20 克，白芍 20 克，金银花 20 克，地榆 20 克，陈皮 20 克，甘草 10 克，加水 1 000 毫升煎汁，然后兑水 2 升供鸡饮用，每日 1 剂，连用 5 天。

球虫容易对抗球虫药产生耐药性。对于一个鸡场来说，应有计划地交替使用抗球虫药，这样可避免或减缓耐药性虫株的产生，从而提高药物疗效，降低球虫病造成的危害。

（三）鸡住白细胞原虫病

鸡住白细胞原虫病又称白冠病，是由住白细胞原虫引起的以出血和贫血为特征的寄生虫病。本病一般发生于夏秋季（5～10月份），往往在暴雨季节过后的 20 天前后开始发生。住白细胞原虫病的传播媒介为库蠓、蚋，通过这类昆虫的叮咬而传播。

【症状】鸡住白细胞原虫病自然病例潜伏期 6～12 天，病初体温升高，食欲不振甚至废绝；羽毛蓬乱，精神沉郁，运动失调，行步困难。最典型的症状为贫血，口流涎、下痢，粪便呈绿色水样。贫血从感染后 15 天开始出现，18 天后最严重。由本病引起的贫血，可见有鸡冠和肉髯苍白，黄疸症状不严重。在贫血症状期间，可出现绿便、发育迟缓和产蛋率下降等症状。

本病的另一特征是突然咯血，呼吸困难，常因内出血而突然死亡。特征性症状是死前口流鲜血，因而常见水槽和料槽边沾有病鸡咯出的红色鲜血。病情稍轻的病鸡卧地不动，1～2 天后死于内出血。但也有病鸡耐过而康复。

【病变】可见血液稀薄，不易凝固；剖检可见全身皮下出血，肌肉出血，尤其是胸肌、腿肌有大小不等的出血点和出血斑；法氏囊有针尖大小的出血点；内脏器官广泛出血，肝脾肿大、出血，表面有灰白色的小结节；肾肿大、出血；心肌有出血点和灰白色小结节；气管、胸腹腔、腺胃、肌胃和肠道有时见有大量积血；十二指肠有散在出血点。

【诊断】鸡住白细胞原虫病的诊断需依据临床症状、病理变化、流行季节及病原检查等进行综合判定。

【防制】在饲料中加磺胺-6-甲氧嘧啶（0.025％）或磺胺喹噁啉（0.025％）有预防作用，这些药物能抑制早期发育阶段的虫体，但对晚期形成的裂殖体或配子体无作用。

治疗本病主要使用磺胺类药物，首选复方磺胺-6-甲氧嘧啶。但在选这类药物时应注意以下几点：

（1）在产蛋期要考虑到对产蛋的影响，对蛋鸡、种鸡要限制使用。

（2）用磺胺类药物时，由于在尿中易析出磺胺结晶，导致肾脏损伤，因此，应在饲料中添加小苏打，以防止磺胺类药物形成结晶。

（3）治疗时间一般为5～7天，以获得满意的治疗效果。

（4）补充维生素：各种维生素添加量应提高1～2倍。

（四）曲霉菌病

曲霉菌病是鸡的一种常见真菌病，又名鸡霉菌性肺炎，最常见而且致病性最强的病原为烟曲霉菌，主要发生于幼鸡，多呈急性经过，发病率高，可造成大批死亡。

【症状】病雏食欲减少或不食，精神不振，眼半闭，呼吸困难，加快，喘气，伸颈呼吸，口腔与鼻腔常流出浆液性分泌物。当气囊有损害时，呼吸时发出干性的特殊的沙哑声。口渴，不爱运动，羽毛蓬乱无光。常见有下痢，急剧消瘦和死亡，死亡率50％～100％。慢性型症状不明显，主要呈现阵发性喘气，食欲不良，下痢，逐渐消瘦以至死亡。

【病变】急性死亡病例，可见肺部和气囊有数量不等的灰黄色或乳白色小结节，鼻喉、气管、支气管黏膜充血，有淡灰色渗出物。肝脏瘀血和脂肪变性。慢性病例见有支气管肺炎病变。肺实质中有大量灰黄色结节，表面有干酪样被覆物，这种结节在胸部的气囊也可见到。部分胸部气囊和腹部气囊膜上见有一厚2～5毫米圆碟状中央凹的霉菌斑，有时被纤维素浸润，并呈灰绿色或浅绿色粉状物。此常见于鼻腔、眶下窦、喉、气管和胸腹腔浆膜。肠黏膜充血，有时见腹膜炎。

【防制】

（1）预防　主要是加强饲养管理，搞好环境卫生，特别注意鸡舍的通风和防潮。不用发霉的垫草，不喂给发霉饲料。注意鸡舍和孵化机的消毒。

（2）治疗　本病无特效疗法。如果鸡群已被污染发病，则应及时隔离病雏，清除垫草和更换饲料，消毒鸡舍，并在饲料中加入 0.1%硫酸盐溶液，以防再发病。可在饲料中拌入制霉菌素，每 80 只雏鸡每次 50 万国际单位，每天 2 次，连用 3 天；口服碘化钾，每升饮水中加碘化钾 5～10 克，灌服或由鸡自由饮用，有一定的疗效。给每只病鸡口服 500 毫克灰黄霉素，每天 2 次，连服 3 天也有疗效。

（五）坏死性肠炎

鸡坏死性肠炎主要是由 A 型和 C 型产气荚膜梭菌引起的一种消化道传染病，也可能由多种致病因子引起，如具有鞭毛的原虫、类巴氏杆菌。以鸡的肠黏膜坏死的病理变化为特征，俗称"烂肠病"。

【流行病学】本病经常发生于成年鸡，很少见于雏鸡。一年四季均可发生，以晚秋和冬季为多发。一般死亡率不高，也有的高达 40%。

【症状】病鸡表现产蛋率急剧下降，体质衰弱，不能站立，体温下降，最后极度消瘦而死亡。病、死鸡嗉囊内有积液，倒提可从口腔流出黏性液体。以常突然死亡和剖检见肠道黏膜坏死为特征，头背部和翅部羽毛常见脱落，排粪量减少，蛋鸡产蛋率急剧下降。

【剖检】本病主要是肠炎与坏死性病变。肠管肿胀，色泽消退，部分肠管呈暗红色。空肠和回肠相连部分高度膨胀，呈苍白色，易破裂。肠内有多量液体，经常混有血液，有些病例有黄色颗粒样碎块。病程较长者，疾病后期见空肠和回肠黏膜表面等覆盖一层黄白色恶臭的纤维素性渗出物和坏死的肠黏膜，空肠和回肠黏膜上有散在的枣核状溃疡灶，溃疡深达肌层，上覆一层伪膜。母鸡的输卵管内常有干酪样物质堆积。

诊断时应注意与沙门氏菌病、禽霍乱、球虫病等鉴别。

【防制】

（1）加强鸡群的饲养管理，改善鸡舍、运动场的环境卫生，防止水源污染等。

（2）治疗本病的首选药物是头孢类药物，另外可选用林可霉素等。在临床上往往采用多种药物交替使用。

（康照风）

第八章
乌骨鸡的加工及产品认证标准

第一节　乌骨鸡的屠宰及初级加工

乌骨鸡产品的初加工指只对乌骨鸡产品进行整理或分割等不改变风味和未熟制的加工操作,其产品不能直接食用,食用前需加热熟制。乌骨鸡产品的初加工主要有乌骨鸡的屠宰、分割、贮藏与保鲜,乌骨鸡蛋的鲜蛋加工等。这里仅介绍乌骨鸡屠宰场(厂、点)的动物防疫条件与要求、屠宰及分割加工方面的内容。

一、乌骨鸡屠宰场(厂、点)的动物防疫条件与要求

(1) 选址、布局符合动物防疫要求,生产区与生活区分开。

(2) 设计、建筑符合动物防疫要求,采光、通风和污物、污水排放设施齐全。

(3) 设有检疫室。

(4) 有与屠宰规模相适应的待宰间、急宰间和患病动物隔离间。

(5) 有病死动物、染疫动物产品,以及污水、污物、粪便无害化处理设施、设备。

(6) 动物、动物产品运载工具和容器符合动物防疫要求,并

有清洗消毒设备。

（7）有符合防疫要求的屠宰设备和屠宰工具、用具。

（8）屠宰技术工人和肉品检验人员无人畜共患病和其他可能污染产品的化脓性或渗出性皮肤病。

（9）防疫制度健全。

二、乌骨鸡的屠宰检疫规程

结合农业部农医发〔2010〕27号文《家禽屠宰检疫规程》，制定出乌骨鸡屠宰检疫规程。本规程规定了乌骨鸡的屠宰检疫申报、进入屠宰场（厂、点）监督查验、宰前检查、同步检疫、检疫结果处理，以及检疫记录等操作程序。

（一）检疫对象

高致病性禽流感、新城疫、禽白血病、鸭瘟、禽痘、小鹅瘟、马立克氏病、鸡球虫病、禽结核病。

（二）检疫合格标准

（1）入场（厂、点）时，具备有效的《动物检疫合格证明》。

（2）无规定的传染病和寄生虫病。

（3）需要进行实验室疫病检测的，检测结果合格。

（4）履行本规程规定的检疫程序，检疫结果符合规定。

（三）检疫申报

1. 申报受理　货主应在屠宰前6小时申报检疫，填写检疫申报单。官方兽医接到检疫申报后，根据相关情况决定是否予以受理。受理的，应当及时实施宰前检查；不予受理的，应说明理由。

2. 申报方式　现场申报。

（四）入场（厂、点）监督查验和宰前检查

1. 查证验物　查验入场（厂、点）家禽的《动物检疫合格证明》。

2. 询问　了解家禽运输途中有关情况。

3. 临床检查　官方兽医应按照《家禽产地检疫规程》中"临床检查"部分实施检查。其中，个体检查的对象包括群体检查时发现的异常鸡只和随机抽取的鸡只（每车抽 60～100 只）。

（五）结果处理

1. 合格的，准予屠宰，并回收《动物检疫合格证明》。

2. 不合格的，按以下规定处理。

（1）发现有高致病性禽流感、新城疫等疫病症状的，限制移动，并按照《动物防疫法》《重大动物疫情应急条例》《动物疫情报告管理办法》和《病害动物和病害动物产品生物安全处理规程》（GB 16548）等有关规定处理。

（2）发现有禽白血病、鸡痘、马立克氏病、结核病等疫病症状的患病鸡只按国家有关规定处理。

（3）怀疑患有本规程规定疫病及临床检查发现其他异常情况的，按相应疫病防治技术规范进行实验室检测，并出具检测报告。实验室检测须由省级动物卫生监督机构指定的具有资质的实验室承担。

（4）发现患有本规程规定以外疫病的，隔离观察，确认无异常的，准予屠宰；隔离期间出现异常的，按《病害动物和病害动物产品生物安全处理规程》（GB 16548）等有关规定处理。

3. 消毒。监督场（厂、点）方对患病家禽的处理场所等进行消毒。监督货主在卸载后对运输工具及相关物品等进行消毒。

（六）同步检疫

1. 屠体检查

（1）体表　检查色泽、气味、光洁度、完整性及有无水肿、痘疮、化脓、外伤、溃疡、坏死灶、肿物等。

（2）冠和髯　检查有无出血、水肿、结痂、溃疡及形态有无异常等。

（3）眼　检查眼睑有无出血、水肿、结痂，眼球是否下陷等。

（4）爪　检查有无出血、瘀血、增生、肿物、溃疡及结痂等。

（5）肛门　检查有无紧缩、瘀血、出血等。

2. 抽检　日屠宰量在 1 万只以上（含 1 万只）的，按照 1% 的比例抽样检查，日屠宰量在 1 万只以下的抽检 60 只。抽检发现异常情况的，应适当扩大抽检比例和数量。

（1）皮下　检查有无出血点、炎性渗出物等。

（2）肌肉　检查颜色是否正常，有无出血、瘀血、结节等。

（3）鼻腔　检查有无瘀血、肿胀和异常分泌物等。

（4）口腔　检查有无瘀血、出血、溃疡及炎性渗出物等。

（5）喉头和气管　检查有无水肿、瘀血、出血、糜烂、溃疡和异常分泌物等。

（6）气囊　检查囊壁有无增厚混浊、纤维素性渗出物、结节等。

（7）肺脏　检查有无颜色异常、结节等。

（8）肾脏　检查有无肿大、出血、苍白、尿酸盐沉积、结节等。

（9）腺胃和肌胃　检查浆膜面有无异常。剖开腺胃，检查腺胃黏膜和乳头有无肿大、瘀血、出血、坏死灶和溃疡等；切开肌胃，剥离角质膜，检查肌层内表面有无出血、溃疡等。

（10）肠道　检查浆膜有无异常。剖开肠道，检查小肠黏膜有无瘀血、出血等，检查盲肠黏膜有无枣核状坏死灶、溃疡等。

（11）肝脏和胆囊　检查肝脏形状、大小、色泽及有无出血、坏死灶、结节、肿物等。检查胆囊有无肿大等。

（12）脾脏　检查形状、大小、色泽及有无出血和坏死灶、灰白色或灰黄色结节等。

（13）心脏　检查心包和心外膜有无炎症变化等，心冠状沟脂肪、心外膜有无出血点、坏死灶、结节等。

（14）法氏囊（腔上囊）　检查有无出血、肿大等。剖检有无出血、干酪样坏死等。

（15）体腔　检查内部清洁程度和完整度，有无赘生物、寄生虫等。检查体腔内壁有无凝血块、粪便和胆汁污染，以及其他异常等。

3. 复检　官方兽医对上述检疫情况进行复查，综合判定检疫结果。

4. 结果处理

（1）合格的，由官方兽医出具《动物检疫合格证明》，加施检疫标志。

（2）不合格的，由官方兽医出具《动物检疫处理通知单》，并按以下规定处理。发现患有本规程规定以外其他疫病的，患病鸡只屠体及副产品按《病害动物和病害动物产品生物安全处理规程》（GB 16548）的规定处理，污染的场所、器具等按规定实施消毒，并做好《生物安全处理记录》。

（3）监督场（厂、点）方做好病害动物及废弃物无害化处理。

5. 卫生安全防护　官方兽医在同步检疫过程中应做好卫生安全防护。

（七）检疫记录

（1）官方兽医应监督指导屠宰场方做好相关记录。

（2）官方兽医应做好入场监督查验、检疫申报、宰前检查、同步检疫等环节记录。

（3）检疫记录应保存 12 个月以上。

三、屠宰

现代正规大型肉鸡屠宰加工厂都有全自动生产线，采取流水作业。用传送带和吊机移动鸡体，采用不锈钢设备。这样不但减轻了劳动强度，提高了工作效率，而且可以减少污染机会，保证鸡肉的新鲜和质量。

肉鸡屠宰加工的工艺流程为：宰前休息→饥饿管理及饮水→选宰→麻电刺杀放血→机械浸烫→机械脱毛→净毛洗淋→开膛→取内脏→清洗→预冷→包装。

四、分割

随着人民生活水平的提高，对食品需求也更加多样化，人们从喜爱购买活鸡发展为喜爱购买光鸡，进而喜爱鸡肉的分割产品，如鸡腿、鸡翅、鸡爪、鸡脯肉、鸡内脏、鸡骨架等。

肉鸡分割方法主要有平台分割、悬挂分割两种。乌骨鸡分割大体分为：腿部（包括全腿、小腿和大腿 3 种）、翅（包括全翅、翅根、翅中、翅尖 4 种）、胸部、爪、鸡架、脏器等。

第二节　乌骨鸡的深加工

乌骨鸡产品的深加工是指对乌骨鸡产品进行整理和改变风味甚至制熟的加工操作。其产品有些不能直接食用，食用前需加热制熟，如腌腊制品、部分香肠制品等；有些能直接食用，如酱卤制品、烧烤制品，以及其他经烹调加工的乌骨鸡肉蛋制品。这里主要介绍熟品加工，以及酒、药和提取物的工艺流程。

一、乌骨鸡的熟品加工

乌骨鸡熟品加工，以家庭用烹调的方式加工最为普遍，如煲乌骨鸡汤、白切乌骨鸡、煎乌骨鸡蛋、乌骨鸡蛋汤等。工厂化加工的乌骨鸡熟制品主要有酱卤制品、烧烤制品等。

以烧鸡为例，其工艺流程为：原料鸡的选择→宰杀→净膛→洗净→造型→清油炸鸡着色→调卤→卤煮→冷却→包装。

二、乌鸡白凤丸（小蜜丸）的加工工艺

功能主治：补气养血，调经止带。用于气血两虚，身体瘦弱，腰膝酸软，月经不调，白带量多。

1. 标准处方 见表8-1。

表8-1 乌鸡白凤丸标准处方

单位：克

原药材	质量	原药材	质量	原药材	质量
乌骨鸡（去毛、爪、肠）	640	鹿角胶	128	鳖甲（制）	64
牡蛎（煅）	48	桑螵蛸	48	人参	128
黄芪	32	当归	144	白芍	128
香附（醋制）	128	天冬	64	甘草	32
地黄	256	熟地黄	256	川芎	64
银柴胡	26	丹参	128	山药	128
芡实（炒）	64	鹿角霜	48		

2. 工业处方 见表8-2。

表8-2 乌鸡白凤丸工业处方（以标准处方量的200倍量为一批计算）

单位：千克

原药材	质量	原药材	质量	原药材	质量
乌骨鸡（去毛、爪、肠）	128	鹿角胶	25.6	鳖甲（制）	12.8
牡蛎（煅）	9.6	桑螵蛸	9.6	人参	25.6
黄芪	6.4	当归	28.8	白芍	25.6
香附（醋制）	25.6	天冬	12.8	甘草	6.4
地黄	51.2	熟地黄	51.2	川芎	12.8
银柴胡	5.2	丹参	25.6	山药	25.6
芡实（炒）	12.8	鹿角霜	9.6		

3. 工艺流程图 见图8-1。

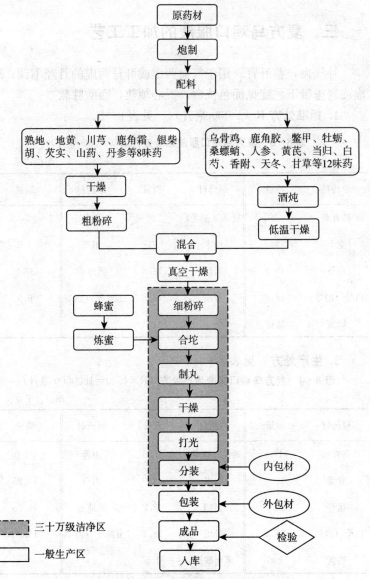

图 8-1　乌鸡白凤丸加工工艺流程

三、复方乌鸡口服液的加工工艺

补气血，益肝肾。用于气血两虚或肝肾两虚的月经不调；脾虚或肾虚带下。症见面色㿠白，五心烦热，腰酸膝软。

1. 标准处方 R（1 000 毫升）　见表 8-3。

表 8-3　复方乌鸡口服液标准处方 R（1 000 毫升）

单位：克

原药材	质量	原药材	质量	原药材	质量
乌骨鸡	75	黄芪（蜜炙）	28	山药	56
党参	28	白术	28	川芎	9.5
茯苓	18.8	当归	18.8	熟地黄	37.5
白芍（酒炒）	18.8	丹皮	18.8	五味子（酒制	9.5
蜂蜜	适量				

2. 生产处方　见表 8-4。

表 8-4　复方乌鸡口服液生产处方（R×1500＝1500000 毫升）

单位：千克

原药材	质量	原药材	质量	原药材	质量
乌骨鸡	112.5	黄芪（蜜炙）	42.0	山药	84.0
党参	42.0	白术	42.0	川芎	14.25
茯苓	28.2	当归	28.2	熟地黄	56.25
白芍（酒炒）	28.2	丹皮	28.2	五味子（酒制	14.25
炼蜜	285	苯甲酸钠	1.5		

3. 复方乌鸡口服液工艺流程图　见图 8-2。

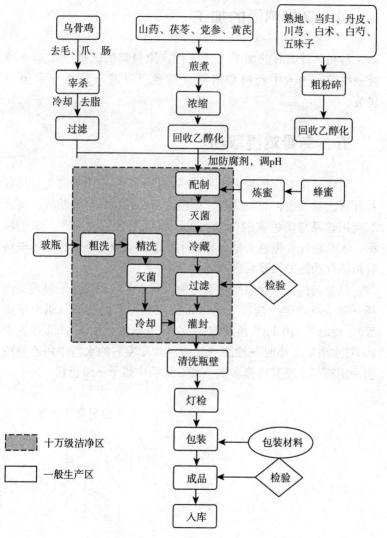

图 8-2 复方乌鸡口服液加工工艺流程

四、乌骨鸡酒的加工

泰和乌骨鸡酒的加工工艺流程：原料鸡的选择→宰杀→净膛→洗净→加入中药材和米酒→熬煮→过滤→装瓶→灭菌→包装。

五、乌骨鸡提取物

乌骨鸡作为药食两用的滋补品在我国的应用历史悠久，具有补肝肾、益气血、养阴清热、调经健脾、补肾固精等功效。乌骨鸡药用效果与黑色素的含量有关，黑色素含量越高者，颜色越深，入药越佳；黑色素是乌骨鸡主要活性成分之一，也是体现乌骨鸡活性功能的重要物质基础。

乌骨鸡的提取物以黑色素为例，其工艺流程为：原料鸡的选择→宰杀→净膛→洗净→选取拟提取黑色素的部位（肌肉或皮等）→搅烂→用 HCl 预浸泡 12 小时→滤渣→加入 HCl 并置于 100℃ 水浴中 1 小时→抽滤→滤渣→42℃ 左右的水浴中用乙醚脱脂→用蒸馏水反复洗涤多次→80℃ 烘箱中烘干→黑色素。

（谢明贵　马睿）

第九章

乌骨鸡安全生产的废弃物无害化处理

乌骨鸡场的废弃物包括鸡粪、污水、病死鸡尸体、发霉变质的废弃饲料、过期失效废弃的兽药和疫苗、饲料兽药疫苗的包装袋或瓶、破损和变质的鸡蛋、种蛋孵化的蛋壳和死鸡胚等，这些废弃物富含氮、磷和各种有机物，极易腐败。还常含有病原微生物，如果处理不当，必将对水体（地表水及地下水）、土壤和空气等环境造成极大的污染。

第一节　乌骨鸡粪的处理与利用

乌骨鸡粪是由未被消化吸收的饲料中的部分物质、鸡体内的代谢产物、消化道脱落物和分泌物、肠道微生物及其分解产物等组成的。在实际生产中收集的鸡粪中还含有撒落的饲料、脱落的鸡羽毛等，采用地面垫料平养时，收集到的是鸡粪与垫料的混合物。因此，鸡粪中含有丰富的养分物质，也含有一些有害有毒物质，如重金属元素、病原微生物等。如不进行科学的处理，必将对环境（空气、土壤、水体等）造成污染，危害人类及其他动物的健康。有资料报道，每克鸡粪中含有 10^6 个大肠杆菌，每克含有禽流感病毒的鸡粪可以感染 100 万只鸡。

一、鸡粪的无害化处理

（一）鸡粪的除臭

（1）使用一种混合型芳香化合物遮蔽鸡粪的臭味。

（2）使用芳香性油与产生臭气的化合物发生化学反应，中和和减少臭气浓度。

（3）应用微生物除臭，在鸡的饲料中加入某种微生物，如EM原露、益生菌等，利用微生物产生的酶类降解产生臭气的化合物，效果甚好。

（4）使用吸附剂，如泥炭、沸石等化合物。

（5）化学除臭，应用一些具有强氧化作用的化学物氧化臭味物质，或添加杀菌剂，抑制鸡粪堆积发酵过程中产气微生物的繁殖，减少有害气体的产生和释放。

（二）鸡粪的干燥

有自然干燥法、高温快速干燥法、烘干法等。

自然干燥法应掺入少量的谷壳和木屑等，搅拌均匀后在晒场或空地上晒干或风干。这种方法对杀灭病菌和寄生虫卵及除臭效果不佳。仅适用于小规模鸡场。

高温快速干燥法是采用以回转圆筒烘干炉为代表的高温快速干燥设备，可在短时间（10分钟左右）内将含水量达70％～75％的鸡粪迅速干燥至含水分仅10％～15％的干鸡粪。这种方法可达到除臭、灭菌和去杂草的效果。

烘干法是将鸡粪倒入烘干箱内，经70℃烘干2小时、140℃烘干1小时或180℃烘干30分钟，可达到干燥、灭菌和贮藏的效果。

（三）鸡粪的生物学处理

通过微生物利用粪便中的营养物质，在适宜的温度、湿度、通气量和pH等条件下，活菌体大量生长繁殖，以分解鸡粪中的有机成分。微生物处理主要是发酵处理,在发酵过程中形成特殊的理化环境可基本杀灭鸡粪中的病原体。根据发酵过程中依靠的主要微生物种类不同,可分为厌氧发酵和好氧发酵两种处理。

1. 充氧动态发酵　在适宜的温度、湿度及供氧充足的条件下,好氧菌迅速繁殖,将鸡粪中的有机物大量分解为易消化吸收的形式,同时释放出硫化氢、氨等气体。在 $45\sim55℃$ 下处理 12 小时左右,即可获得除臭、灭菌虫的优质有机肥料和再生饲料。

2. 堆肥发酵处理　在堆肥发酵过程中,大量无机氮转化为有机氮,形成了比较稳定、一致且基本无臭味的以腐殖质为主的堆肥。而且在发酵过程中,产生 $50\sim70℃$ 的高温,可杀灭病原微生物、寄生虫及虫卵和杂草种子等。

3. 沼气发酵处理　沼气发酵是厌氧发酵过程,是由多种微生物在厌氧条件下分解有机物来完成的。沼气发酵适宜的畜禽粪污水总固体浓度为 $5\%\sim8\%$,适合高水分粪污的处理。与堆肥发酵相结合,基本上能用生物发酵方式减量化无害化处理养鸡的粪便污水。沼气发酵产生的沼气可为生产、生活提供能源。但沼气处理形成的沼液如果处理不当,容易造成二次污染。

二、鸡粪的利用

(一) 用作有机肥料

鸡粪中富含的氮、磷、钙、镁、钾、硫及其他一些重要微量元素,是非常适合于植物生长的优质有机肥料。1 吨鸡粪大约相当于 160 千克硫酸铵、150 千克过磷酸钙和 50 千克硫酸钾。至今,我国绝大部分鸡粪是作为有机肥予以消纳。鸡粪经过处理后作有机肥使用,可改善土壤结构,提高农作物产量和改善农产品品质,是非常好的生物活性有机肥。使用有机肥有利于解决因过量施用化肥造成的土壤养分失衡、土壤板结、生物活性下降、地力退化,以及生态环境恶化、农产品品质下降等问题。

目前多采用快速烘干法将鸡粪烘干制成颗粒状或粉末状的有机肥；也可加入其他复合肥元素（如磷、钾）制成复合有机肥；也可采用简单的堆肥方法，利用微生物的作用将有机物分解为稳定物质，经过有机物成分变化及腐熟后，变成良好的有机肥。

（二）用作燃料

将鸡粪和秸秆按照 2～3：1 的比例，在碳氮比 13～30：1、pH 为 6.8～7.4 的条件下，利用微生物进行厌氧发酵，每千克鸡粪可产生 0.8～0.9 米^3 的可燃性气体，其主要成分是甲烷即沼气，占 60%～70%。沼气是一种优质的生物质能源和清洁能源，可用于供暖、照明和做饭等，可缓解我国广大农村燃料紧缺和大量焚烧秸秆的矛盾。生产沼气过程中的厌氧发酵能杀灭病原微生物和寄生虫卵，减少对土壤和水体的污染。沼液和沼渣既可直接肥田，也可制成有机肥，增加土壤有机质及土壤酶活性，降低农作物病害，减少农药施用量，提高农作物产量和质量。

（三）用作培育料

1. 培育单细胞 美国的研究人员将糖蜜掺入鸡粪中，使鸡粪中的微生物迅速繁殖，然后提取出细菌作为蛋白质饲料，主要由荧光假单胞菌组成，含真蛋白质 40%，不含粗纤维，在正常情况下对人畜无害。培育单细胞后的残余固体物，臭味不大，可撒在地里作土壤改良剂，解决粪便污染环境的问题。

2. 养蝇蛆 使用蝇蛆培养设施，将自然脱水的鸡粪掺入少量玉米秸秆粉拌匀，使混合物水分保持在 55%～66%，并使其自然发酵 48 小时以杀灭微生物和寄生虫卵，然后接种蝇卵。蝇蛆生产由饲养成蝇、培养蝇蛆和蛆类分离 3 个环节组成。据资料报道，蝇蛆能消耗约 10 倍于其最终体重的鸡粪，所以，每千克鸡粪一般可接种 0.7～1.5 克的蝇卵。蝇蛆生长快，生长量大，要求的营养条件不苛刻，适应性强。1 千克鸡粪培养料 4 天内约生产 300 克蝇蛆，每平方米的鸡粪培养料 1 周内可生产出 2～3 千克的鲜蛆，可提供 40 多只鸡的蛋白质饲料需要。干蝇蛆含蛋白质62%左右，脂肪10%~15%，糖类15%，还含有丰富的氨基酸。不但可以完全替代鱼粉，而且可在混合饲料中掺入适量的活蛆，喂养蟹、鱼、虾、鳗、鳝、蛙和鸟等，增产效果很好。蝇蛆不仅可作为优质蛋白质饲料，而且可以提取蛋白粉，开发高级营养食品，还可以提取抗生素、凝集素、甲壳素等多种生化产品。

鸡粪还可以用于养殖小球藻、螺旋藻等藻类，以及蚯蚓和虫等。

第二节　乌骨鸡场污水的处理与利用

鸡场的污水主要来自清粪和冲洗鸡舍后排放的废水，还有孵化厂等冲洗排放的污水。污水未经消毒或处理不准任意对外排放，必须经过无害化处理，达到相关规定标准，方可排放。

一、处理技术与方法

污水的处理方法有物理方法、化学方法和生物方法等。物理方法（如固液分离、沉淀、过滤等）主要是将污水中的固形残留物分离处理，降低污水中的有机物浓度。化学方法是利用化学反应的作用，使污水中的污染物质发生化学反应而改变其性质，如中和法和絮凝沉淀法等。生物方法是利用培养的特异微生物菌群，降解有机物，控制或抑制臭味产生，达到净化污水的目的，如生物膜技术、直接在污水中加入微生物菌处理技术等。

1. 沉淀过滤处理　鸡舍利用人工清粪后冲洗排出的污水中还残留有许多的固形物，如饲料、粪渣、杂物等，需设置格栅进行过滤，以除去污水中大量的固形悬浮物，达到去除杂质的目的。也可采用固液分离设施进行固液分离，然后再排入沉淀池进行沉淀,沉淀池可设置二级沉淀池,也可设置三级沉淀池,使污水充分沉淀,沉淀池中的上清液和池底的沉淀渣再分别进行进一步的处理。

2. 化粪池厌氧处理 利用厌氧微生物对污水进行发酵处理,从而达到降解有机物的目的。一般采用三格串联的化粪池:第一格主要起沉淀作用,也有部分固形物质进行分解;第二和第三格处于完全厌氧状态,主要对污水中的溶解态有机物进行厌氧分解。通过这一处理,固形物质去除率达 90%~95%。

3. 曝气复氧处理 经过物理处理、化学处理、化粪池厌氧处理等排出的污水,以及沼气池厌氧处理产生的沼液,通过曝气复氧处理,在污水中增加氧气,促进好氧微生物降解,达到净化污水的作用。曝气复氧处理一般可使污水降解 10%~30%。

4. 氧化塘和人工湿地的好氧处理 氧化塘作为污水的二级净化处理系统,处理后的污水通过微生物的净化活动而得到处理,经氧化塘处理 15 天,一般能达到排放标准。氧化塘主要种植水葫芦、水花生等植物,这些植物能耐高有机物的污水,根系能净化污水。

人工湿地是一个人造的完整的湿地生态系统,由水生植物、碎石床、微生物等构成,污水流经人工湿地发生过滤、吸附、置换等物理、化学作用,以及植物、微生物吸附、降解等生物作用,达到净化污水的目的。

5. 厌氧处理 厌氧处理技术是养殖场粪污处理中不可缺少的关键技术,经厌氧处理后的污水中的化学需氧量(COD)去除率达 70%~75%,且运行成本相对较低。污水经厌氧处理后既可实现无害化,还可回收沼气和有机肥料,是解决污水无害化和资源化问题的最有效的方法。目前用于畜禽粪污处理的较成熟的厌氧处理工艺有全混合厌氧反应器(CSTR)、升流式固体反应器(USR)、折流式反应器(ABR)、升流式厌氧污泥床(UASB)等。

二、污水的利用

污水经过无害化处理后可以进行利用。

1. 灌溉用水　将处理后的污水浇灌农田菜地、饲料地、果园。如目前推广的"猪（禽）—沼—果（菜、稻）"等生态养殖模式。

2. 水产养殖　将无害化处理后的污水排入鱼塘养鱼、虾等，以促进浮游植物、浮游动物和鱼虾生长，并借助氮、磷—藻类—鱼虾食物链，减少氮、磷对地面、水域环境的污染。

3. 消毒后回收使用　经过无害化处理后的废水，再经过深度处理（砂滤、活性炭吸附等）和消毒处理后，可作为栏舍等的冲洗水源，以达到节水减排的目的。但废水的消毒处理宜采用紫外线、臭氧、双氧水等非氯化消毒措施。

第三节　乌骨鸡养殖场污染物排放标准

按照国家环境保护总局和国家质量监督检验检疫总局（GB 18596—2001）的畜禽养殖污染防治管理办法，乌骨鸡养殖场应遵循以下防治要求。

（一）乌骨鸡养殖场污染防治原则

应坚持实行综合利用优先、资源化、无害化和减量化四大原则。

（二）禁止建设乌骨鸡养殖场的区域

（1）生活饮用水水源保护区、风景名胜区、自然保护区的核心区及缓冲区。

（2）城市和城镇中居民区、文教科研区、医疗等人口集中地区。

（3）县级人民政府依法划定的禁养区域。

（4）国家或地方法律、法规规定需特殊保护的其他区域。

（三）乌骨鸡养殖场污染物排放标准

乌骨鸡养殖场污染物排放标准见表9-1至表9-4。

表9-1 集约化乌骨鸡养殖场水污染物最高允许日均排放浓度

控制项目	五日生化需氧量（毫克/升）	化学需氧量（毫克/升）	悬浮（毫克/升）	氨氮（毫克/升）	总磷（以P计）（毫克/升）	粪大肠菌群数（个/毫升）	蛔虫卵（个/升）
标准值	150	400	200	80	8.0	10 000	2.0

表9-2 乌骨鸡养殖场废渣无害化环境标准

控制项目	指标
蛔虫卵	死亡率≥95%
粪大肠菌群数	≤10^5 个/千克

表9-3 乌骨鸡养殖场恶臭污染物排放标准

控制项目	指标
臭气浓度（无量纲）	70

表9-4 乌骨鸡养殖场污染物排放配套监测方法

项目	监测方法	方法来源
生化需氧（BOD_5）	稀释与接种法	GB 7488—87
化学需氧（COD_{cr}）	重铬酸钾法	GB 11914—89
悬浮物（SS）	重量法	GB 11901—89
氨氮（NH_3-N）	钠氏试剂比色法、水杨酸分光光度法	GB 7479—87、GB 7481—87
总P（以P计）	钼蓝比色法	a
粪大肠菌群数	多管发酵法	GB 5750—85

（续）

项目	监测方法	方法来源
蛔虫卵	吐温-80柠檬酸缓冲液离心沉淀集卵法	b
蛔虫卵死亡率	堆肥蛔虫卵检查法	GB 7959—87
寄生虫卵沉降率	粪稀蛔虫卵检查法	GB 7959—87
臭气浓度	三点式比较臭袋法	GB 14675

注：分析方法中，未列出国标的暂时采用下列方法，待国家标准方法颁布后执行国家标准。

①水和废水监测分析方法（第三版），中国环境科学出版社，1989。

②卫生防疫检验，上海科学技术出版社，1964。

第四节　乌骨鸡养殖场病死鸡的处理

对病死鸡的处理，要严格按照国家标准《畜禽病害肉尸及其产品无公害处理规程》（GB 16548）的要求做好无害化处理。

病死鸡的处理方法包括深坑掩埋和焚烧处理。

一、深坑掩埋处理

在远离养鸡生产区和生活区 200 米以上的下风向处，挖一个深度不少于 2 米的深坑，将死鸡放入掩埋，死鸡充分腐烂变成腐殖质后直接进入土壤，并应在死鸡与掩埋土壤的上面及其周围喷洒消毒药，如生石灰等。但死鸡直接埋入土壤中易造成土壤和地下水的污染。因此，最好的方法是使用水泥和砖块砌成的专用深坑，坑口砌成比坑底小的洞口，并用活动的水泥板盖住密封，每次投入死鸡后，喷洒消毒药，然后将盖板盖住密封。

二、焚烧处理

将死鸡进行焚烧是一种常用的安全的处理方法，通过高温焚烧，能彻底地消灭死鸡及其携带的病原体，可避免掩埋造成土壤及地下水污染。必须使用专用的焚烧炉，焚烧炉要求设计合理、占地面积小、操作简单、维护方便、热解气化、二次燃烧、燃烧完全、无黑烟、耗能低、安全可靠等特点。以煤或油为燃料，在高温焚烧炉内将死鸡烧成灰烬。但必须注意几点：①焚烧常常会产生较多的臭气而造成对空气的污染，因此，必须选择有二次燃烧装置的焚烧炉，以清除臭气，减少对空气的污染；②焚烧炉必须装有较高的烟囱，以免污染环境；③焚烧炉应设置在远离生产区和生活区，并在其下风向的地点。

第五节　乌骨鸡场其他废弃物的处理与利用

养鸡场的其他废弃物包括发霉变质的废弃饲料、过期失效废弃的兽药和疫苗、饲料兽药疫苗的包装袋或瓶、破损和变质的鸡蛋、种蛋孵化的蛋壳和死鸡胚等。

一、废弃物的处理

1. 种蛋孵化产生的废弃物处理　种蛋孵化会产生大量的蛋壳、死胚蛋、死残雏鸡、臭蛋等。可以进行深埋或焚烧处理，但对死胚蛋最好先进行高温处理后再深埋，死残雏鸡最好进行焚烧处理。如果进行深埋处理，也必须喷洒消毒药。

2. 废弃兽药、疫苗及疫苗瓶的处理　废弃兽药、疫苗及疫苗瓶应进行集中分类处理，不能到处乱扔。

对毒性强、残留大的抗生素药物，应进行焚烧处理。对一般性的药物，可通过稀释后深埋处理。

对过期废弃的疫苗及使用完的疫苗瓶，应通过高温蒸煮或暴晒处理后，再进行深埋处理。

3. 废弃饲料及饲料添加剂的处理　对废弃的饲料应集中到一个有雨棚、水泥地面的堆积场，经过堆积发酵，充分腐熟后，可以与发酵腐熟后的猪粪一起作有机肥处理，也可进行深埋处理。

对废弃的饲料添加剂应进行集中处理，通过稀释后，深埋处理。

4. 其他废弃物的处理　其他废弃物包括饲料及饲料添加剂和兽药的包装袋（盒），注射时使用过的药棉（棉签），废弃的手术刀片、针头、一次性注射器等。

使用后的一次性注射器、药棉（棉签）和容易致人损伤的针头、手术刀片等应进行集中分类处理，不能到处乱扔。先集中储存，再集中处理。集中储存时，应使用密封的容器储存；集中处理时，应当消毒并作毁形处理，能够焚烧的，应当及时焚烧；不能焚烧的，应当消毒后集中填埋。

饲料及饲料添加剂和兽药的包装袋（盒）等，应集中堆放，避免雨淋，通过消毒后整理送废品收购站处理。

二、废弃物的利用

可以利用的其他废弃物主要是在孵化过程中产生的无精蛋（俗称白蛋）、死胚蛋和蛋壳。

白蛋主要用于食用和食品加工，不少地方也有食用毛蛋（孵化到中后期的死胚蛋）的习惯，但在食用白蛋和毛蛋时，要注意卫生，避免因腐败物质及细菌造成的中毒。无精蛋和死胚蛋除可以食用外，还可以经过高温消毒后，干燥处理，制成粉状饲料加以利用。

对孵化产生的大量蛋壳，可将清洁的蛋壳放入沸水中蒸煮半小时后捞出，在130℃的高温下烘干，粉碎制成蛋壳粉。蛋壳粉含钙24%～37%，有机质约12%，可作为钙源补充饲料利用。

（谢金防）

附录一　泰和乌骨鸡国家标准
——地理标志产品

本标准根据《原产地域产品通用要求》（GB 17924—1999）及《地理标志产品保护规定》而制定，并由国家质量监督检验检疫总局和国家标准化管理委员会于 2007 年 6 月 4 日发布。

（一）范围

本标准规定了泰和乌骨鸡的地理标志保护范围、术语和定义、要求、试验方法、检验规则、标志、运输。本标准适用于国家质量监督检验检疫行政主管部门根据《地理标志产品保护规定》批准保护的泰和乌骨鸡。

（二）规范性引用文件

GB/T 4789.2　食品卫生微生物学检验 菌落总数测定。

GB/T 4789.3　食品卫生微生物学检验 大肠杆菌测定。

GB/T 4789.4　食品卫生微生物学检验 沙门氏菌检验。

GB/T 5009.4　食品中灰分的测定。

GB/T 5009.5　食品中蛋白质的测定。

GB/T 5009.6　食品中脂肪的测定。

GB/T 5009.11　食品中总砷及无机砷的测定。

GB/T 5009.17　食品中总汞及有机汞的测定。

GB/T 5009.19　食品中六六六、滴滴涕残留量的测定。

GB/T 5009.116　食品中土霉素、四环素、金霉素残留量的测定（高效液相色谱法）。

GB/T 5009.124　食品中氨基酸的测定。

NY 5030　无公害食品 畜禽饲养兽药使用准则。

NY 5032　无公害食品　畜禽饲料和饲料添加剂使用准则。

NY/T 5038　无公害食品　家禽养殖生产管理规范。

SN 0208　出口肉中十种磺胺残留量检验方法。

（三）地理标志保护范围

泰和乌骨鸡地理标志保护范围限于国家质量监督检验检疫行政管理部门根据《地理标志产品保护规定》批准的范围，即江西省泰和县现辖行政区域。

（四）术语和定义

泰和乌骨鸡　Taihe silk chicken

在规定的地理标志保护范围内饲养的、具有"十全特征的丝羽乌骨鸡。"其体型娇小玲珑，外貌独特，集药用、滋补、观赏于一体，是药膳两用的珍贵禽类种质资源。

（五）要求

1. 自然环境

（1）气候　属亚热带季风气候，年平均温度 18.6℃左右，全年日照不少于 1 750 小时，产区气候温暖，光照充沛，森林覆盖率不低于 50%，适合泰和乌骨鸡的繁衍生息。

（2）土壤　包括红土壤、紫色土、冲积土和水稻土等类型。产区特有的水体与土壤含有丰富的有效营养成分。

2. 饲养培育

泰和乌骨鸡的饲养管理应符合 NY 5030、NY 5032、NY/T 5038 的规定。

3. 品种特征

（1）出栏时间及体重　饲养期应达 90 日龄以上，出栏体重应为 600～800 克。

（2）感官特征　泰和乌骨鸡性情温顺，体躯短矮，头长且小，颈短，下颌有须，耳呈孔雀蓝色，五爪，身被白丝状绒毛，具显著而独特的外貌特征（附表1）。

附表1　泰和乌骨鸡外貌十大特征（十全）

特征名称	外貌表现
丝羽	全身为白色丝状绒羽，主翼羽及公鸡尾羽有少数扁羽，其末端常带有不完全分裂
缨头	头的顶端有一丛缨状绒毛，母鸡尤为发达，形如"白绒球"
复冠	母鸡冠小，多为草莓冠形，如桑葚冠形，色黑发亮。公鸡冠形较大，冠齿丛生，多为玫瑰冠形
绿耳	耳叶呈孔雀绿或湖蓝色，成年后颜色变浅，公鸡褪色较快
胡须	下颌处长有较长的细毛，形似胡须，母鸡比公鸡更发达
毛脚	双脚部及趾部密生白羽，似裙裤
五爪	脚有五趾，较正常鸡多生一趾
乌皮	全身皮肤乌黑，眼、喙、爪均为黑色
乌骨	骨质及骨髓为浅黑色，骨膜乌黑发亮
乌肉	肉为黑色及浅黑色

4. 理化指标　泰和乌骨鸡理化指标见附表2。

附表2　泰和乌骨鸡理化指标

项　目	指标
粗蛋白质（%）	22～28
粗脂肪（%）	0.3～0.5
粗灰分（%）	1.00～1.20
氨基酸总量（每100克中，毫克）	21 000～23 000
风味氨基酸（每100克中，毫克）	9 900～10 000
7种必需氨基酸（每100克中，毫克）	10 000～10 300

注：氨基酸为干样含量，其他为鲜样含量；取样部位为胸肌。

5. 卫生指标

（1）重金属及农药残留指标　重金属及农药残留指标应符合

附表 3 的规定。

附表 3　重金属及农药残留指标

项　目	指标
汞（Hg，每千克产品中，毫克）	≤0.05
铅（Pb，每千克产品中，毫克）	≤0.2
砷（As，以总砷计，每千克产品中，毫克）	≤0.5
六六六（BHC，每千克产品中，毫克）	≤0.1
滴滴涕（DDT，每千克产品中，毫克）	≤0.2
金霉素（每千克产品中，毫克）	≤1
土霉素（每千克产品中，毫克）	≤0.1
磺胺类（以磺胺类总量计，每千克产品中，毫克）	≤0.1

（2）微生物指标　微生物指标应符合附表 4 的规定。

附表 4　微生物指标

项　目	指标
菌落总数（CFU/克）	≤1×10^6
大肠杆菌（每 100 克中，MPN）	≤1×10^4
沙门氏菌	不得检出

（六）试验方法

1. 品种特征　用目测检查。

2. 理化指标　粗蛋白质按 GB/T 5009.5 规定执行。粗脂肪按 GB/T 5009.6 规定执行。粗灰分按 GB/T 5009.4 规定执行。氨基酸按 GB/T 5009.124 规定执行。

3. 卫生指标　汞的测定按 GB/T 5009.17 规定执行。砷的测定按 GB/T 5009.11 规定执行。铅的测定按 GB/T 5009.12 规定执行。六六六、滴滴涕按 GB/T 5009.19 规定执行。土霉素、金霉素按 GB/T 5009.116 规定执行。磺胺类按 SN 0208 规定执行。菌落总数按 GB/T 4789.2 规定执行。大肠杆菌按 GB/T 4789.3 规定执行。沙门氏菌按 GB/T 4789.4 规定执行。

(七) 检验规则

1. 组批 同一饲养管理条件，同时出栏的为一批。

2. 抽样 每批抽取 0.05%，每批抽样数不得少于 2 只。

3. 检验类别及项目

(1) 出场检验 每批鸡出场前，应按品种特征的要求，对出场鸡进行逐只检验，检验合格后方可进场。

(2) 型式检验 型式检验项目是品种特征、理化指标、卫生指标。下列任何一种情况下，应进行型式检验：每年首批鸡出栏前；饲养方法有较大变更或饲料配比有较大变化时；国家质量监督机构提出型式检验要求时。

4. 判定规则

(1) 合格品判定 品种特征、理化指标和卫生指标均符合本标准规定的，判为合格产品。

(2) 不合格品判定 品种特征不符合本标准规定的，判为不合格产品；品种特征符合本标准规定，但理化指标或卫生指标中有一项不符合本标准规定的，仍判为不合格品；不合格项可进行复检。

5. 复检

(1) 复检抽样数为检验规则中规定的 2 倍。

(2) 首次复检结果仍有不合格项目，允许再次复检；再次复检为终检；再次复检的抽样数与首次复检相同。

(3) 首次复检不合格，如未进行再次复检，则该批或该群批为不合格品。

(4) 品种特征不合格，不允许复检。

(5) 复检结果全部达到规定要求，方可判为合格品。

(八) 标志和运输

1. 标志

(1) 获得批准后，可使用地理标志产品专用标志。

（2）产品标志应包含产地、批次等信息。

（3）标志可捆贴在泰和乌骨鸡的腿部或其他显著部位。

2. 运输　泰和乌骨鸡应盛装在清洁并经消毒过的鸡笼中。

附录二 乌骨鸡产品——绿色食品认证标准

一、范围

本标准规定了绿色食品——乌骨鸡肉的定义、技术要求、检测方法、检验规则、标志、标签、包装、运输及贮存。本标准适用于绿色食品乌骨鸡的鲜肉、冷却肉和冷冻肉。

二、规范性引用文件

GB/T 191　包装储运图示标志

GB/T 4789.2　食品卫生微生物学检验 菌落总数测定

GB/T 4789.3　食品卫生微生物学检验 大肠菌群测定

GB/T 4789.4　食品卫生微生物学检验 沙门氏菌检验

GB/T 4789.6　食品卫生微生物学检验 致泻大肠埃希氏菌检验

GB/T 4789.30　食品卫生微生物学检验 单核细胞增生李斯特氏菌检验

GB/T 5009.11　食品中总砷及无机砷的测定

GB/T 5009.12　食品中铅的测定

GB/T 5009.13　食品中铜的测定

GB/T 5009.15　食品中镉的测定

GB/T 5009.17　食品中总汞及有机汞的测定

GB/T 5009.18　食品中氟的测定

GB/T 5009.19　食品中六六六、滴滴涕残留量的测定

GB/T 5009.2　食品中有机磷农药残留量的测定

GB/T 5009.44　肉与肉制品卫生标准的分析方法

GB/T 5009.116　畜禽肉中土霉素、四环素、金霉素残留量的测定（高效液相色谱法）

GB/T 5009.123　食品中铬的测定

GB 7718　食品标签通用标准

GB/T 9695.19　肉及肉制品　取样方法

GB 16869　鲜、冻禽产品

GB 18394　畜禽肉水分限量

NY/T 391　绿色食品　产地环境技术条件

NY/T 471　绿色食品　饲料和饲料添加剂

NY/T 472　绿色食品　兽药使用准则

NY/T 473　绿色食品　动物卫生准则

NY/T 658　绿色食品　包装通用准则

SN/T 0212.1　出口禽肉中二氯二甲吡啶酚残留量检验方法　液相色谱法

SN 0289　出口禽肉中二甲硝咪唑残留量检验方法

SN 0672　出口肉及肉制品中己烯雌酚残留量检验方法　放射免疫法

中华人民共和国农业部 动物性食品中兽药最高残留限量

三、术语和定义

1. 绿色食品　绿色食品是遵循可持续发展原则，按照特定生产方式生产，经专门机构认定，许可使用绿色食品标志商标的无污染的安全、优质、营养类食品。绿色食品必须同时具备以下条件：

（1）产品或产品原料产地必须符合绿色食品生态环境质量标准。

（2）畜禽饲养和食品加工必须符合绿色食品的生产操作规程。

（3）产品必须符合绿色食品质量和卫生标准。

（4）产品外包装必须符合国家食品标签通用标准，符合绿色食品特定的包装、装潢和标签规定。详见 NY/T 391。

2. 乌骨鸡肉　活体乌骨鸡屠宰加工后可供食用的整鸡或分割鸡部分（不包括内脏、骨架）。

3. 鲜乌骨鸡肉　活乌骨鸡屠宰加工后，不经冻结处理的乌骨鸡肉。

4. 冷却乌骨鸡肉　在良好操作规范和良好卫生条件下，活鸡屠宰、冷却、分割后，肌肉中心温度达到 2℃以下，而不冻结，并在加工、运输、销售过程中，肉中心温度始终保持这种状态的肉。

5. 冻乌骨鸡肉　活鸡屠宰加工后，经冻结处理，肉中心温度在－15℃以下的鸡肉。

6. 肉眼可见异物　产品上有碍食用的杂物或污染物（如黄皮、白皮、粪便、胆汁、绒毛、塑料、金属、饲料残留等）。

7. 硬杆毛　长度超过 12 毫米的羽毛，或羽毛根直径超过 2 毫米的羽毛。

四、技术要求

1. 原料　活鸡应来自非疫病区，健康、无病。鸡的饲养环境、饲料及饲料添加剂、兽药、饲养管理应分别符合 NY/T 391、NY/T 471、NY/T 472 和 NY/T 473 的要求。

2. 屠宰加工

（1）屠宰　活鸡应按 NY/T 473 的要求，经检疫、检验合格后，进行屠宰。从活鸡放血至加工或分割产品到包装入冷库时间不得超过 2 小时。

（2）冷却　禽屠宰后 45 分钟内，肉的中心温度应降到 10℃以下。

（3）分割　预冷后的禽体分割时，环境温度应控制在 12℃以下。

（4）修整　分割后的禽体各部位应修剪外伤、血点、血污、羽毛根等。

（5）冻结　需冷冻的产品，应在－35℃以下环境中，其中心温度应在 12 小时内达到－15℃以下。

五、感官与内部品质指标要求

（一）感官要求

感官要求应符合附表 2－1 的规定

附表 2－1　感官要求

项目		鲜禽肉	冻禽肉（解冻后）
组织状态		肌肉有弹性，经指压后凹陷部位立即恢复原位	肌肉经指压后凹陷部位恢复慢，不能完全恢复原状
色泽		表皮和肌肉切面有光泽，具有禽种固有的色泽	
气味		具有禽种固有的气味，无异味	
煮沸后的肉汤		透明澄清，脂肪团聚于表面，具有固有香味	
瘀血	瘀血面积大于 1 厘米² 时	不允许存在	
	瘀血面积小于 1 厘米² 时	不得超过抽样量的 2%	
硬杆毛（根/10 千克）		≤1	
肉眼可见异物		不得检出	

注：瘀血面积以单一整禽或单一分割禽体的 1 片瘀血面积计。

（二）理化指标

理化指标应符合附表 2－2 的规定。

附表 2-2　理化指标

(%)

项目	指标
水分	≤77
解冻失水率	≤8

(三) 卫生指标

卫生指标应符合附表 2-3 的规定。

附表 2-3　卫生指标

项目	指标
挥发性盐基氮（每 100 克中，毫克）	≤15
汞（以 Hg 计）（毫克/千克）	≤0.05
铅（以 Pb 计）（毫克/千克）	≤0.5
砷（以 As 计）（毫克/千克）	≤0.5
镉（以 Cd 计）（毫克/千克）	≤0.1
氟（以 F 计）（毫克/千克）	≤2.0
铜（以 Cu 计）（毫克/千克）	≤10
铬（以 Cr 计）（毫克/千克）	≤1.0
六六六（毫克/千克）	≤0.1
滴滴涕（毫克/千克）	≤0.1
敌敌畏（毫克/千克）	≤0.05
四环素（毫克/千克）	≤0.1
金霉素（毫克/千克）	≤0.1
土霉素（毫克/千克）	≤0.1
己烯雌酚（毫克/千克）	≤0.001
二氯二甲吡啶酚（毫克/千克）	≤0.01
呋喃唑酮（毫克/千克）	≤0.01
磺胺类（毫克/千克）	≤0.1
二甲硝咪唑（毫克/千克）	≤0.005

(四) 微生物指标

微生物指标应符合附表 2 - 4 的规定。

附表 2 - 4　微生物指标

项目	指标
菌落总数（CFU/克）	$\leqslant 5\times 10^5$
大肠菌群（每 100 克中，MPN）	$< 10^4$
沙门氏菌	不得检出
致泻大肠埃希氏菌	不得检出
单核细胞增生李斯特氏菌	不得检出

(五) 检验方法

1. 感官检验

（1）在自然光下，观察色泽、组织状态、肉眼可见异物，嗅其气味。

（2）取 20 克禽肉按 GB/T 5009.44 规定的方法评定煮沸后的肉汤。

2. 理化检验

（1）水分　按 GB 18394 规定的方法测定。

（2）解冻失水率　按 GB 16869 规定的方法测定。

3. 卫生检验

（1）挥发性盐基氮　按 GB/T 5009.44 中有关条文规定的方法测定。

（2）汞　按 GB/T 5009.17 规定的方法测定。

（3）铅　按 GB/T 5009.12 规定的方法测定。

（4）砷　按 GB/T 5009.11 规定的方法测定。

（5）镉　按 GB/T 5009.15 规定的方法测定。

（6）氟　按 GB/T 5009.18 规定的方法测定。

（7）铜　按 GB/T 5009.13 规定的方法测定。

（8）铬　按 GB/T 5009.123 规定的方法测定。

（9）六六六、滴滴涕　按 GB/T 5009.19 规定的方法测定。

（10）敌敌畏　按 GB/T 5009.20 规定的方法测定。

（11）四环素　按 GB/T 5009.116 规定的方法测定。

（12）土霉素、金霉素　按 GB/T 5009.116 规定的方法测定。

（13）己烯雌酚　按 SN 0672 规定的方法测定。

（14）二氯二甲吡啶酚　按 SN/T 0212.1 规定的方法测定。

（15）呋喃唑酮　按 NY 5039 规定的方法测定。

（16）磺胺类　按 SN 0289 规定的方法测定。

4. 微生物检验

（1）菌落总数　按 GB/T 4789.2 规定的方法测定。

（2）大肠菌群　按 GB/T 4789.3 规定的方法测定。

（3）沙门氏菌　按 GB/T 4789.4 规定的方法检验。

（4）单核细胞增生李斯特氏菌　按 GB/T 4789.30 规定的方法检验。

（5）致泻大肠埃希氏菌　按 GB/T 4789.6 规定的方法检验。

（六）检验规则

1. 抽样方法

（1）批次　由同一班次同一生产线生产的产品为同一批次。

（2）抽样　抽样按 GB/T 9695.19 规定执行。

2. 检验类型

（1）出厂检验　每批产品出厂前，生产企业均应进行出厂检验，出厂检验内容包括包装、标签、标志、净含量、感官、理化及微生物指标几方面，检验检疫合格并附合格证的产品方可出厂。

（2）型式检验　型式检验是对产品进行全面考核，即对本标准规定的全部技术要求进行检验。有下列情况之一者应进行型式检验：①申请使用绿色食品标志时；②正式生产后，原料、生产环境有较大变化，可能影响产品质量时；③国家质量监督机构或主管部门提出进行型式检验要求时；④有关各方对产品质量有争议需仲裁时。

3. 判定规则

（1）产品感官指标和理化指标中的解冻失水率项目不符合本标准为缺陷项，其他指标不符合标准为关键项，缺陷项两项或关键项一项，判为不合格产品。

（2）受检样品的缺陷项目检验不合格时，允许按上述的抽样方法规定重新加倍抽取样品进行复检，以复检结果为最终检验结果。关键项目检验不合格时，受检企业对检测结果如有异议，经主管部门同意，允许重新抽样复检。

（七）标志、标签

1. 标志　产品的销售和运输包装上都必须在明显位置标注绿色食品标志，储运图示标志按 GB/T 191 执行。

2. 标签　产品的标签应符合 GB 7718 规定。

（八）包装、运输、贮存

1. 包装　包装应符合 NY/T 658 的规定。

2. 运输　应使用卫生并具有防雨、防晒、防尘设施的专用冷藏车或船，不应和对产品发生污染的物品混装，运输途中应严格控制冷藏运输温度，鲜禽肉和冷却肉 0～4℃，冷冻禽肉－18℃，温度变化为±1℃。

3. 贮存

（1）冻鸡肉应贮存于－18℃以下的冷冻库内，库温昼夜升降幅度不超过 1℃。

（2）鲜鸡肉和冷却肉应贮存在－2～4℃，相对湿度 85%～90% 的冷却间。

（谢明贵　马睿）

附录三 饲料和饲料添加剂卫生指标——国家标准

附表 3－1 鸡饲料和饲料添加剂卫生指标

序号	卫生指标		产品名称	指标	试验方法	备注
1	砷（以总砷计）的允许量（每千克产品中，毫克）		石粉	≤2.0	GB/T 13079	不包括国家主管部门批准使用的有机砷制剂中的砷含量
			硫酸亚铁、硫酸镁			
			磷酸盐	≤20		
			沸石粉、膨润土、麦饭石	≤10		
			硫酸铜、硫酸锰、硫酸锌、氯化钾、碘酸钙、碘化钾、氯化钴	≤5.0		
			氧化锌	≤10.0		
			鱼粉、肉粉、肉骨粉	≤10.0		
			家禽配合饲料	≤2.0		

227 》》

（续）

序号	卫生指标	产品名称	指标	试验方法	备注
1	砷（以总砷计）的允许量（每千克产品中、毫克）	家禽浓缩饲料	≤10.0	GB/T 13079	以在配合饲料中20%的添加量计
		家禽添加剂预混合饲料	≤10.0	GB/T 13080	以在配合饲料中1%的添加量计
2	铅（以Pb计）的允许量（每千克产品中、毫克）	产蛋鸡、肉用仔鸡浓缩饲料	≤13	GB/T 13080	以在配合饲料中20%的添加量计
		骨粉、肉骨粉、鱼粉、石粉	≤10		
		磷酸盐	≤30		
		产蛋鸡、肉用仔鸡复合预混饲料	≤40		以在配合饲料中1%的添加量计
3	氟（以F计）的允许量（每千克产品中、毫克）	鱼粉	≤500	GB/T 13083	
		石粉	≤2 000		
		磷酸盐	≤1 800	HG 2636	高氟饲料用 HG 2636—1994中4.4条
		肉用仔鸡、生长鸡配合饲料	≤250	GB/T 13083	
		产蛋鸡配合饲料	≤350		
		骨粉、肉骨粉	≤1 800		
		禽添加剂预混合饲料	≤1 000	GB/T 13083	以在配合饲料中1%的添加量计
		禽浓缩饲料	按添加加比例折算后，与相应禽配合饲料规定值相同		

（续）

序号	卫生指标	产品名称	指标	试验方法	备注
4	霉菌的允许量（每千克产品中，霉菌数×10^3个）	玉米	<40	GB/T 13092	限量饲用：40～100；禁用：>100
		小麦麸、米糠			限量饲用：40～80；禁用：>80
		豆饼（粕）、棉籽饼（粕）、菜籽饼（粕）	<50		限量饲用：50～100；禁用：>100
		鱼粉、肉骨粉	<20		限量饲用：20～50；禁用：>50
		鸡配合饲料、鸡浓缩饲料	<45		
5	黄曲霉毒素允许量（每千克产品中，微克）	玉米	≤50	GB/T17480 或GB/T 8381	
		花生饼（粕）、棉籽饼、菜籽饼（粕）	≤50		
		豆粕	≤30		
		仔猪配合饲料及浓缩饲料	≤10		
		肉用仔鸡前期、雏鸡配合饲料及浓缩饲料	≤10		
		肉用仔鸡后期、生长鸡、产蛋鸡配合饲料及浓缩饲料	≤20		

（续）

序号	卫生指标	产品名称	指标	试验方法	备注
6	铬（以 Cr 计）的允许量（每千克产品中，毫克）	皮革蛋白粉	≤200	GB/T 13088	
		鸡配合饲料	≤10		
7	汞（以 Hg 计）的允许量（每千克产品中，毫克）	鱼粉	≤0.5	GB/T 13081	
		石粉鸡配合饲料、猪配合饲料	≤0.1		
8	镉（以 Cd 计）的允许量（每千克产品中，毫克）	米糠	≤1.0	GB/T 13082	
		鱼粉	≤2.0		
		石粉	≤0.75		
		鸡配合饲料	≤0.5		
9	氰化物（以 HCN 计）的允许量（每千克产品中，毫克）	木薯干	≤100	GB/T 13084	
		胡麻饼（粕）	≤350		
		鸡配合饲料、猪配合饲料	≤50		
10	亚硝酸盐（以 $NaNO_2$ 计）的允许量（每千克产品中，毫克）	鱼粉	≤60	GB/T 13085	
		鸡配合饲料、猪配合饲料	≤15		
11	游离棉酚的允许量（每千克产品中，毫克）	棉籽饼（粕）	≤1 200	GB/T 13086	
		肉用仔鸡、生长鸡配合饲料	≤100		
		产蛋鸡鸡配合饲料	≤20		

（续）

序号	卫生指标	产品名称	指标	试验方法	备注
12	异硫氰酸酯（以丙烯基异硫氰酸酯计）的允许量（每千克产品中，毫克）	菜籽饼（粕）	≤4 000		
		鸡配合饲料	≤500	GB/T 13087	
13	噁唑烷硫酮的允许量（每千克产品中，毫克）	肉用仔鸡、生长鸡配合饲料	≤1 000	GB/T 13089	
		产蛋鸡配合饲料	≤500		
14	六六六的允许量（每千克产品中，毫克）	米糠	≤0.05	GB/T 13090	
		小麦麸			
		大豆饼（粕）			
		鱼粉			
		肉用仔鸡、生长鸡配合饲料产蛋鸡配合饲料	≤0.3		
15	滴滴涕的允许量（每千克产品中，毫克）	米糠	≤0.02	GB/T 13090	
		小麦麸			
		大豆饼（粕）			
		鱼粉			
		鸡配合饲料、猪配合饲料	≤0.2		
16	沙门氏菌	饲料	不得检出	GB/T 13091	

（续）

序号	卫生指标	产品名称	指标	试验方法	备注
17	细菌总数的允许量（每千克产品中，细菌总数×10^6 个）	鱼粉	<2	GB/T 13093	限量饲用：2～5；禁用：>5

注：①所列允许量均以干物质质量88%的饲料为基础计算；
②浓缩饲料、添加剂预混合饲料与配合饲料本标准备注标准不同时，其卫生指标允许量可进行折算。

参 考 文 献

蔡华珍，陈守江，张丽，等．2006．乌骨鸡黑色素的酶法提取及其抗氧化作用的初步研究［J］．食品与发酵工业，32（1）：99－102．

陈梦林，韦柳红，等．2003．乌骨鸡高效养殖与食用［M］．南宁：广西科学技术出版社．

迟汉东，霍清合，巩新民．2009．完善设备设施配套提高肉种鸡生产水平［J］．中国家禽，31（16）：41－42．

杜炳旺．2011．畜牧兽医法规［M］．湛江：广东海洋大学内部教材．

方涛，丁昌春．2007．提高蛋鸡养殖经济效益的对策［J］．农技服务，24（2）：69－82．

冯雪．2010．乌鸡饲养的环境条件管理［J］．特种经济动植物（2）：11．

付国松．2008．孵化中的照蛋管理［J］．河南畜牧兽医，29（11）：35．

付金岗，徐利芹．2006．蛋鸡笼养育雏技术要点［J］．河南畜牧兽医，27（9）：24．

高纯一，祁永锋．2000．发展乌鸡前景广阔——兼谈乌鸡饲养技术［J］．河北农业科技（5）：27－28．

高凤仙，贺建华，田科雄．2003．雪峰乌鸡早期阶段饲养试验［J］．河南畜牧兽医（6）：4－5．

高金华．2004．孵化过程中照蛋落盘时应注意的问题［J］．养禽与禽病防治（10）：19．

葛长荣，马美湖等．2002．肉与肉制品工艺学［M］．北京：中国轻工业出版社．

国家畜禽遗传资源委员会．2011．中国畜禽遗传资源志·家禽志．北京：中国农业出版社．

韩文格．2010．现代平养肉种鸡育雏管理要点［J］．中国畜禽种业（2）：118－121．

何荣显．2004．中国烹调技术［M］．长春：吉林科学技术出版社．

胡庆荣，李彩霞，汤丽娟.2010.略阳乌鸡育成期的饲养管理技术［J］.家禽科学（9）：25-27.

黄炎坤.2009.养鸡场规划设计与生产设备［M］.郑州：中原出版传媒集团，中原农民出版社.

吉木色怕.2010.普格红羽乌鸡的生产与饲养［J］.中国禽业导刊（9）：130.

赖以斌，黄峰岩，等.2001.江西畜禽品种志［M］.南昌：江西科学技术出版社.

雷永庆，王增民.2008.商品乌鸡无公害养殖的方法［J］.养殖技术顾问（4）：10.

李道虎.2009.新一代自主创新型孵化设备——环流型出雏机［J］.中国家禽，31（20）：59-60.

李房全，谢金防，谢若泉，等.2009.药用乌鸡饲养技术［M］.北京：金盾出版社.

李国勇，余贵朝.2006.同舍两批雏鸡的饲养管理［J］.农技服务（3）：36-37.

李宁.2002.动物遗传学［M］.北京：中国农业出版社.

李文斌.1994.泰和乌鸡饲养技术［J］.适用技术之窗（1）：14-15.

李晓.2008.孵化设备的发展历史及未来趋势［J］.中国禽业导刊，25（9）：14-15.

刘海斌，赵月平，刘立文.2006.肉用型乌鸡饲养管理技术［J］.黑龙江畜牧兽医（3）：85-86.

刘浚凡.2000.乌骨鸡饲养指南［M］.北京：科学技术文献出版社.

刘伟利.2007.孵化机的使用与维护［J］.农家机电（12）：27.

刘文新，商桂芳.2001.乌鸡疾病的诊疗［J］.中国兽医杂志，37（8）：56.

刘亚明，赵毅牢，常秉文.2008.培育高产后备蛋鸡的技术措施［J］.畜牧与饲料科学（1）：75-76.

罗吉初，周伟.2009.商品肉鸡育雏期的饲养管理要点［J］.畜牧与饲料科学，30（3）：76.

孟信群.2008.蛋鸡立体笼养育雏技术［J］.贵州畜牧兽医，32（5）：31-32.

邱礼平，姚玉静.2005.泰和乌鸡在食品和药品中应用进展［J］.中国家禽，27（23）：54－56.

瑞文.2002.饮水系统——需要完善的笼养鸡设备课题［J］.中国家禽，24（4）：44.

申杰.2006.肉用型乌鸡饲养管理技术［J］.黑龙江畜牧兽医（3）：85－86.

深圳市汉厦生物工程有限公司.2001.神鸟武山凤［M］.北京：经济管理出版社.

王宝维.2004.特禽生产学［M］.北京：中国农业出版社.

王补元.2008.夏季产蛋鸡管理要素［J］.畜牧与饲料科学（3）：119.

王春青，吕树臣，吴艳玲.2002.乌鸡的开发与利用［J］.吉林畜牧兽医（11）：9－10.

王焕华，倪惠珠，等.2008.中国传统饮食宜忌全书［M］.南京：江苏科学技术出版社.

王晓通，王晓娜，娄义洲.2004.浅析乌鸡的药用及保健价值［J］.中国家禽，26（9）：61－62.

王占军.2006.蛋鸡饲料配方的饲养筛选［J］.畜牧与饲料科学，27（4）：46－48.

魏刚才，陈永耀，郑素玲.2006.育雏温度过低或不稳定对雏鸡的危害及对策［J］.安徽农业科学，34（24）：65.

魏刚才，马汉军，郑爱武.2006.我国蛋鸡业存在的问题及对策［J］.安徽农业科学，34（7）：1368－1371.

邬松涛，黄炎坤，王娟娟.2008.肉鸡饲养方式利弊分析［J］.郑州牧业工程高等专科学校学报，28（3）：31－32.

吴广.2009.雏鸡的四种饲养方式［J］.现代种业（2）：56.

席克奇，曲祖一.2005.鸡病鉴别诊断与防治［M］.北京：科学技术文献出版社.

谢金防，谢明贵，等.2009.新编药用乌鸡饲养技术［M］.北京：金盾出版社.

许筠，等.1991.养鸡实用技术手册［M］.合肥：安徽科学技术出版社.

薛文佐，罗士仙，刘珍优.2007.泰和乌鸡产业现状及发展的思路与对策［J］.江西畜牧兽医杂志（2）：27－28.

阳红莲.2008.藏鸡雏鸡培育技术 [J].畜牧与饲料科学（3）：114-115.

杨宁.2002.家禽生产学 [M].北京：中国农业出版社.

杨山，李辉，等.2002.现代养鸡 [M].北京：中国农业出版社.

姚维帧，等.1991.畜牧业机械化 [M].北京：农业出版社.

张春祥.2008.孵化机的选购和使用 [J].养殖技术顾问（10）：147.

张金平.2009.饲养成年乌鸡抓好六关键 [J].中国禽业导刊（23）：57.

张梅平.2000.垫料平养肉鸡技术 [J].安徽农业（7）：29.

张献仁.1984.新编实用养鸡手册 [M].南昌：江西科学技术出版社.

朱先录.2009.孵化机的选用与维修 [J].养禽与禽病防治（6）：42-43.

左瑞华，余道伦，佘德勇，等.2009.香蕉皮饲料添加剂饲喂肉鸡的效果试
验 [J].畜牧与饲料科学，30（2）：25-26.

Y. M. Saif.2012.禽病学 [M].12版.苏敬良，高福，索勋主译.北京：
中国农业出版社.

图书在版编目（CIP）数据

乌骨鸡安全生产技术指南/杜炳旺主编 . —北京：
中国农业出版社，2015.3（2015.12 重印）
（农产品安全生产技术丛书）
ISBN 978-7-109-19345-1

Ⅰ.①乌…　Ⅱ.①杜…　Ⅲ.①乌鸡－饲养管理－指南
Ⅳ.①S831.8-62

中国版本图书馆 CIP 数据核字（2014）第 142153 号

中国农业出版社出版
（北京市朝阳区农展馆北路 2 号）
（邮政编码 100125）
责任编辑　邱利伟　周锦玉

中国农业出版社印刷厂印刷　新华书店北京发行所发行
2015 年 3 月第 1 版　2015 年 12 月北京第 2 次印刷

开本：850mm×1168mm 1/32　印张：7.875　插页：4
字数：192 千字
定价：20.00 元
（凡本版图书出现印刷、装订错误，请向出版社发行部调换）

彩图1-1 保存在国家级地方鸡种基因库的 泰和乌骨鸡公鸡（苏一军摄）

彩图1-2 保存在国家级地方鸡种基因库的 泰和乌骨鸡母鸡（苏一军摄）

彩图1-3 江山乌骨鸡

彩图1-4 余干乌骨鸡

彩图1-5 雪峰乌骨鸡

彩图1-6 无量山乌骨鸡

彩图1-7　江西泰和乌骨鸡原种场
　　　　（杜炳旺摄）

彩图1-8　泰和乌骨鸡发源地
　　　　汪陂涂山（范玉庆摄）

彩图1-9　泰和原种乌骨鸡基因库
　　　　（杜炳旺摄）

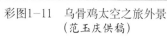

彩图1-10　国家级地方鸡种基因库
　　　　　外景（苏一军摄）

彩图1-11　乌骨鸡太空之旅外景
　　　　　（范玉庆供稿）

彩图2-1　乌骨鸡场种鸡场外景
（杜炳旺摄）

彩图2-2　平养乌骨鸡种鸡舍（杜炳旺摄）

彩图2-3　商品乌骨鸡鸡舍外景
（黄金梅摄）

彩图2-4　乌骨鸡场大门消毒池
（黄金梅摄）

彩图4-1　乌骨鸡种蛋孵化车间
（杜炳旺摄）

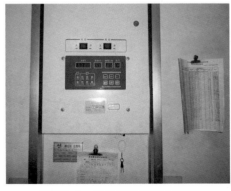

彩图4-2　乌骨鸡种蛋孵化车间
（杜炳旺摄）

彩图4-3 用于孵化的乌骨鸡种蛋
（杜炳旺摄）

彩图4-4 消毒间的乌骨鸡种蛋
（杜炳旺摄）

彩图4-5 孵化落盘待出雏的乌骨鸡种蛋
（杜炳旺摄）

彩图4-6 乌骨鸡马立克疫苗注射
（黄金梅摄）

彩图4-7 待运的乌骨鸡苗
（黄金梅摄）

彩图6-1 乌骨鸡地面育雏（杜炳旺摄）

彩图6-2 乌骨鸡立体笼育雏（黄金梅摄）

彩图6-3 乌骨鸡立体笼育雏（黄金梅摄）

彩图6-4 保存在国家级地方鸡种基因库的泰和乌骨鸡育成群（苏一军摄）

彩图6-5 泰和乌骨鸡标准化地面育成鸡（杜炳旺摄）

彩图6-6　泰和乌骨鸡平养育成母鸡群
（杜炳旺摄）

彩图6-7　泰和乌骨鸡平养种鸡
（杜炳旺摄）

彩图6-8　泰和乌骨鸡地面平养种鸡
（杜炳旺摄）

彩图6-9　活动于植被运动场内的平养乌骨
育成群（杜炳旺摄）

彩图6-10　乌骨鸡育成鸡笼养（黄金梅摄）

彩图6-11　乌骨鸡育成鸡笼养
（黄金梅摄）

彩图6-12　泰和乌骨鸡标准化种鸡舍
（杜炳旺摄）

彩图6-13　温氏乌骨鸡标准化种鸡舍（黄金梅摄）

彩图6-14　乌骨鸡标准化种鸡笼养
（杜炳旺摄）

彩图6-15　室内地面平养的乌骨鸡商品
肉鸡（杜炳旺摄）

彩图6-16　大棚散养的乌骨鸡肉鸡
（杜炳旺摄）

彩图6-17　放养在户外的乌骨鸡肉鸡
（黄金梅摄）

彩图6-18　活动在绿色植被中的乌骨鸡
肉鸡（杜炳旺摄）

彩图6-19　闲游于竹林间的乌骨鸡肉鸡
（杜炳旺摄）

彩图6-20　林中别墅型鸡舍中的乌骨鸡肉鸡群（杜炳旺摄）